中国自动化学会发电自动化专业委员会　组编

火力发电厂智能化建设现状与发展调研报告

主编　中国能源研究会智能发电专业委员会
中国自动化学会发电自动化专业委员会　等

中国电力出版社
CHINA ELECTRIC POWER PRESS

内 容 提 要

本调研报告介绍了火电厂智能化建设发展的调研背景、调研目的和调研内容，通过智能安全典型应用、智能生产典型应用、智能检修典型应用、智能经营典型应用展现了火电厂智能化建设中的技术应用现状。总结了火电厂智能化体系架构、电厂智能化建设程度和火电厂智能化建设中的主要问题，提出火电机组智能化发展的对策建议，供火电厂智能建设中参考。

图书在版编目（CIP）数据

火力发电厂智能化建设现状与发展调研报告/中国自动化学会发电自动化专业委员会组编；中国能源研究会智能发电专业委员会等主编.—北京：中国电力出版社，2022.10（2023.2重印）

ISBN 978-7-5198-6988-5

Ⅰ.①火… Ⅱ.①中…②中… Ⅲ.①火电厂—智能技术—研究报告 Ⅳ.①TM621

中国版本图书馆CIP数据核字（2022）第143479号

出版发行：中国电力出版社

地　　址：北京市东城区北京站西街19号（邮政编码100005）

网　　址：http：//www.cepp.sgcc.com.cn

责任编辑：娄雪芳（010-63412375）

责任校对：黄　蓓　于　维

装帧设计：赵丽媛

责任印制：吴　迪

印　　刷：北京九天鸿程印刷有限责任公司

版　　次：2022年10月第一版

印　　次：2023年2月北京第二次印刷

开　　本：787毫米×1092毫米　16开本

印　　张：7.25

字　　数：140千字

印　　数：2001—3000册

定　　价：65.00元

前 言

当前，我国电力发展已进入结构转型、布局调整和动力转换的关键时期，电力改革与市场化建设进入深水区，由高速增长阶段转向高质量发展阶段。另外，电力企业也面临前所未有的机遇，在“云大物移智”等新技术的推动下正经历着巨大的变革和创新。各发电集团都在积极推进先进技术和科学管理手段，从要素增长转向创新驱动，通过推进制度、管理和科技创新，以增强企业对市场变化的应对能力，选择了一些火力发电厂试点，在传统电厂自动化和信息化的基础上，通过物联网、大数据、人工智能和虚拟现实等技术进行电厂智能化建设探索。

为掌握火电厂智能化建设现状，推动火电厂智能化建设的健康发展，促进各火电企业与相关产业、高校、科研院所等单位的优势互补，并为相关部门制订火电厂智能化政策、规划提供参考，在刘吉臻院士的组织下，中国自动化学会发电自动化专业委员会（简称发电自动化委员会）、中国能源研究会智能发电专业委员会（简称智能发电委员会）、中国电力技术市场协会工业互联网与智能化专业委员会（简称互联网专委会）联合，组织了国网浙江省电力有限公司电力科学研究院、国家能源集团新能源技术研究院、浙江省能源集团科信部、国网湖南省电力有限公司电力科学研究院、润电能源科学技术有限公司、陕西延长石油富县发电有限公司、国家电投集团内蒙古白音华煤电有限公司坑口发电分公司、阳城国际发电有限责任公司等相关单位，对火电智能化建设方面具有一定代表性的 18 家电厂进行了主题为“火电厂智能化建设现状”的现场调研。本报告根据调研情况分析编写，全程调研的详细内容见《火电厂智能化建设研究与实践》（中国电力出版社出版）。

本报告通过智能发电运行控制系统、智能监盘、数据信息挖掘与 SIS 系统的深度开发应用、三维技术、智能燃料（智能煤场）、故障预警与远程诊断、智能安防、机组自启停（APS）、智能燃烧、现场总线、移动 App 等项目的开发、实施和应用情况介绍，对火电领域智能化建设中的技术开发、新产品制造、示范工程应用进展及效果进行了总结，汇总了智能化建设中存在的主要问题、应对方案与技术需求，提出了火电厂智能化建设中的核心诉求、发展思路和建议。

本次调研结果显示，国内还没有一个完整意义上的智能化电厂，但电厂智能化框架下的许多智能控制技术和先进算法，分别在这些电厂中都已有研究和试点应用，实施后取得一定成效，促进了电厂安全运行、增效减人和管理规范化。

随着各种智能控制和信息技术以及数字化电厂的不断发展，智能化电厂也将处于不断发展和完善过程中。智能化电厂未来的发展需要不断与移动互联网、云计算、大数据、物联网和人工智能等先进技术相互融合，以促进火电厂的进一步转型升级。

希望本报告的发布，能促进各界深入探索智能发电的路径，凝聚共识，协同发展。

金耀华、杨新民、华志刚、崔青汝、严新荣、李国胜对本报告进行了审查，提出了很好的修改、完善建议，在调研和报告编写过程中得到了相关发电集团和调研电厂的领导及专家的大力支持与帮助，在此一并表示衷心感谢。

本报告组编单位：中国自动化学会发电自动化专业委员会。

本报告主编单位：中国能源研究会智能发电专业委员会、中国自动化学会发电自动化专业委员会、国网浙江省电力有限公司电力科学研究院、中国电力技术市场协会工业互联网与智能化专业委员会。

本报告参编单位：润电能源科学技术有限公司、国家能源集团新能源技术研究院有限公司、浙江省能源集团有限公司、国网湖南省电力有限公司电力科学研究院、国家电投集团内蒙古能源有限公司白音华坑口发电公司、陕西延长石油富县发电有限公司、阳城国际发电有限责任公司、浙江浙能台州第二发电有限责任公司、中电投新疆能源化工集团五彩湾发电有限责任公司、国能太仓发电有限公司。

本报告编写人员：刘吉臻、孙长生、牛玉广、郭为民、尹峰、尹松、蔡钧宇、苏烨、金丰、张建宇、郭忠恺、马建刚、刘林虎、马强、梁凌、孙科达、王志杰、朱德华、高满达、向杰、王家望、王焕明、马天霆。

编者
2022 年 1 月

目 录

1 调 研 背 景

当前，我国电力发展已进入结构转型、布局调整和动力转换的关键时期，电力改革与市场化建设进入深水区，由高速增长阶段转向高质量发展阶段。另一方面，电力企业也面临前所未有的机遇，在“云大物移智”等新技术的推动下正经历着巨大的变革和创新。各发电集团都在积极推进先进技术和科学管理手段，从要素增长转向创新驱动，通过推进制度、管理和科技创新，以增强企业对市场变化的应对能力，选择了一些火力发电厂试点，在传统电厂自动化和信息化的基础上，通过物联网、大数据、人工智能和虚拟现实等技术进行电厂智能化建设探索。

1.1 全国火电机组现状

1.1.1 火电机组发电量与装机容量占比

根据中国电力企业联合会《2020—2021 年度全国电力供需形势分析预测报告》，统计电力发展相关数据见表 1-1。

表 1-1　　各类机组发电量与装机容量及占比

<table>
<tr><th colspan="2">项　　目</th><th>2021 年</th><th>2020 年</th><th>同比增长（%）</th></tr>
<tr><td colspan="2">全年全社会用电量（万亿 kWh）</td><td>8.3128</td><td>7.62</td><td>9</td></tr>
<tr><td colspan="2">全国全口径煤电发电量（万亿 kWh）</td><td>5.03</td><td>4.64</td><td>8.4</td></tr>
<tr><td colspan="2">煤电发电量占全国发电量比重（%）</td><td>60.0</td><td>60.8</td><td>−1.3</td></tr>
<tr><td colspan="2">非化石能源发电量占全国发电量比重（%）</td><td>34.6</td><td>33.9</td><td>2</td></tr>
<tr><td colspan="2">全口径发电装机容量（亿 kW）</td><td>23.2</td><td>22.0</td><td>5.5</td></tr>
<tr><td colspan="2">全国新增发电装机容量（万 kW）</td><td>17 629</td><td>19 087</td><td>−7.7</td></tr>
<tr><td colspan="2">新增非化石能源发电装机容量（万 kW）</td><td>13 809</td><td></td><td></td></tr>
<tr><td rowspan="7">全口径非化石能源装机容量</td><td>非化石全国发电装机容量（亿 kW）</td><td>11.2</td><td>9.8</td><td>14.3</td></tr>
<tr><td>水电（亿 kW）[1]</td><td>3.9</td><td>3.7</td><td>5.4</td></tr>
<tr><td>核电（万 kW）</td><td>5326</td><td>4989</td><td>6.8</td></tr>
<tr><td>并网风电（亿 kW）[2]</td><td>3.3</td><td>2.8</td><td>17.9</td></tr>
<tr><td>并网太阳能发电（亿 kW）[3]</td><td>3.1</td><td>2.5</td><td>24</td></tr>
<tr><td>占全口径发电装机容量的比重（%）</td><td>47.0</td><td>44.8</td><td>4.9</td></tr>
<tr><td>新增并网风电、太阳能装机容量（亿 kW）</td><td>1.1</td><td>1.2</td><td></td></tr>
</table>

续表

项目		2021年	2020年	同比增长（%）
全口径火电能源	全口径火电装机容量（亿kW）	13.0	12.5	4.1
	煤电装机容量（亿kW）	11.1	10.8	2.8
	煤电占总装机容量的比重（%）	46.7	49.1	−4.9
	煤电新增装机容量（亿kW）	0.3	0.4	

[1] 常规水电3.5亿kW，抽水蓄能3639万kW。

[2] 陆上风电3.0亿kW，海上风电2639万kW。2021年新增并网海上风电1690万kW。

[3] 集中式光伏发电2.0亿kW，分布式光伏发电1.1亿kW，光热发电57万kW。历史上首次超过煤电装机比重。

从表1-1可看出，2021年新增发电装机总容量，新增并网风电装机规模创历史新高，煤电占总装机容量的比重为46.7%，同比下降2.4%，因此新能源替代火电是解决未来能源供应的趋势，也是能源转型的有效途径。2021年，全国发电量的比重火电仍达到60%，远大于非化石能源的34.6%。也就是说，无论从装机规模看还是从发电量看，煤电仍在一段时期内占据我国能源供应的最主要电源，也是保障我国电力安全稳定供应的基础电源。当今能源革命的主题，应是新能源开发利用与传统火电能源清洁高效利用的并重推进。而这个进程中，如何提升火电能源的清洁高效利用，保持在能源市场竞争力，是摆在火电企业面前的迫切任务。

1.1.2 主要发电集团火电机组装机容量与形势

我国主要发电集团和部分地方集团的不同类型与容量等级火电机组的数量分布，截至2021年不完全统计见表1-2。

表1-2　火电站各类机组数量分布统计表　单位：台

集团	1000MW等级燃煤机组	600MW等级燃煤机组	300MW等级燃煤机组	200MW及以下燃煤机组	燃机机组	燃煤电站	燃机电站
国家能源集团	40	133	174	32	7	379	7
华能	17	80	147	81	48	110	12
大唐	9	83	128	34	22	88	10
华电	11	64	116	64	108	91	33
国家电投	13	56	82	81	38	77	16
华润	12	25	38	7	6	32	3
浙能源	6	25	18	8	13	17	7
广粤电	6	24	11	5	16	16	5

续表

集团	1000MW 等级燃煤机组	600MW 等级燃煤机组	300MW 等级燃煤机组	200MW 及以下燃煤机组	燃机机组	燃煤电站	燃机电站
京能	0	12	26	6	24	20	9
申能	5	4	2	0	10	6	4
晋能	2	4	30	16	3	25	1
皖能	2	6	7	0	0	7	0
总计	123	516	779	334	295	868	107

随着中国持续推动化解煤电过剩产能，终端能源消费清洁化水平不断提升，电力市场改革力度不断加大，这些火电机组面临能源市场竞争压力也不断增加。虽然当今是新能源开发利用与传统火电能源清洁高效利用的并重推进，但国家清洁能源消纳和环保需求，对火电能源在深度调峰、超低排放、灵活运行、市场化改革等方面提出了更高要求，采用传统技术已难以解决。要赢得发电市场，火电机组需要应用以人工智能为核心的新技术不断推进智能化发展，通过发电过程管理数据与生产数据的有效融合，先进控制和检测技术的系统性应用，设备故障诊断与预警手段的有效投运、在线优化技术的智能化提升，从企业运营效能、环境友好程度等方面不断提升机组可控可调水平，实现火电机组在中低负荷下安全、环保、减人、降能、增效，供电煤（气）耗达最低方式下运行，从而提升火电能源的清洁高效利用，发电成本的降低才能保持在能源市场竞争力。由此，电厂智能化技术研究应运而生。

1.2 国家政策导向与行业探索

1.2.1 国家政策导向

中国火力发电厂智能化建设构想，始于2004年左右的数字化电厂建设。当时有专家提出发电厂信息化建设应向智能化电厂方向发展，但由于技术条件的局限性，火电厂智能化建设只是在数字化建设过程中进行了初期探讨。这些探索，包括三维技术可视化、现场总线和先进控制策略优化的实施，为火电厂智能化建设提供了丰富的数据资源，并伴随人工智能、大数据、云计算等信息技术的迅猛发展，分析应用数据资源的工具与手段的日益丰富，促进了电厂智能化研究与应用水平的提升，为火电厂智能化建设奠定了基础。同时，由于欧美等发达国家受电力需求增长缓慢影响，其能源行业的发展重点布局在风电和光伏发电等新能源领域，常规火电领域的投资较少，发电智能化相关的新技术研究也较少，因此，中国火电厂智能化发电研究与应用走在了世界的前沿。

2015 年，国务院发布《中国制造 2025》行动纲领，将通过创新建设制造强国作为国家战略后，部分发电企业依托新机组的建设或老机组改造，进行了智能化建设尝试，如在三维可视化的深入应用、智能安防、数据信息挖掘与 SIS 系统的深度开发应用、机组自启停（APS）等相关技术的应用方面进行了积极有益的尝试。

2016 年 11 月，国家发展和改革委、国家能源局发布的《电力发展“十三五”规划》中指出：“发展智能发电技术，开展发电过程智能化检测、控制技术研究与智能仪表控制系统装备研发，攻关高效燃煤发电机组、大型风力发电机组、重型燃气机组、核电机组等领域先进运行控制技术与示范应用”。这是首次把智能发电写入国家发展规划文件中。

2017 年 7 月，国务院印发的《新一代人工智能发展规划》为人工智能在各行业的发展明确了战略目标与重点任务。进一步推动了电厂智能化建设的深入研发，一些企业则重点进行了智能发电运行控制系统、智能监盘系统、大数据的应用研究与实践。随着智能测量技术、先进控制技术、现代信息技术和先进企业管理方法在发电厂的广泛应用，发电厂由数字化开始向智能化阶段迈进。

2021 年 10 月，国务院发布的《2030 年前碳达峰行动方案》指出，“十四五”期间要加快建设新型电力系统，煤电要向基础保障性和系统调节性电源并重转型，以适应国家的碳达峰、碳中和战略要求。由于灵活性运行、储能、碳捕集等新技术的应用，将进一步增大火电运营复杂度，在此背景下，对涉及智能发电的关键技术，集中行业资源投入精力与资金，进行研发、应用、跟踪、推广，以此来提升发电智能化水平，推进基于数字化技术的智能化电厂的高标准建设和示范项目建设，既顺应时代发展，又是传统电力企业自我变革的必经之路。当前，火电机组面临能源市场竞争压力和国家政策导向，智能化建设已成为发电自动化领域的主要发展方向。

1.2.2 火电厂智能化建设探索

智能化电厂技术的出现源于进一步提升电力过程控制水平与生产运维管理水平的需要。过去十多年中，国内火力发电企业按照“管控一体化、仿控一体化”的发展方向，在数字化电厂建设方面取得了长足进步，如 DCS 功能拓展、全厂控制一体化、现场总线应用、SIS 与管理信息系统深度融合等，使得数字化电厂技术在国内的主流火力发电机组中实现了全面的应用和实施，但数字化电厂技术却无法应对目前火电机组的严峻发展形势，面临着一系列突出问题，靠传统手段无法解决。与此同时，现代传感技术、大数据分析技术、人工智能技术快速发展，为进一步提升火电机组运行安全、经济、灵活运行水平提供了新的技术条件。

刘吉臻院士在深入分析火电厂数字化、自动化、信息化现状及技术发展趋势基础上，提出智能发电的概念及内涵，带领团队开展了系统性理论研究与技术开发工作。2016 年 7 月 25 日，在接受中国能源报专访时指出“智能发电是第四次工业革命的大趋势”“其初级形态应包括自趋优全程控制系统、自学习分析诊断专家系统、自恢复故障（事故）处理系统、自适应多目标优化管理系统等”。在《中国电机工程学报》等学术刊物上连续发表《智能发电厂的架构及特征》《数据驱动下的智能发电系统应用架构及关键技术》论文，提出了两层的智能电厂体系架构，建立了智能发电理论技术体系，并推动将智能发电相关内容写入国家能源局发布的《电力发展“十三五”规划》。2016 年 7 月 4 日，华北电力大学与中国国电集团公司（2017 年与神华集团重组为国家能源投资集团有限责任公司）成立“智能发电协同创新中心”，致力于智能发电基础理论研究、关键技术开发、核心装备制造与重点工程应用。根据国电内蒙古东胜热电有限公司（以下简称国电东胜热电厂）、国家能源集团宿迁发电有限公司（以下简称国能宿迁发电厂）实际情况制订了智能发电的整体技术路线，开发了智能运行控制系统 ICS 与智能管控系统 IMS，取得良好社会经济效益，通过了中国电机工程学会组织的技术鉴定。编制发布了国家能源集团、国电电力《智能发电建设指导意见》《智能发电技术规范》等文件，促进了集团企业智能发电技术规范化、标准化工作。

中国自动化学会发电自动化专委会根据金耀华主任委员的意见，孙长生秘书长在 2015 年对北京京能高安屯燃气热电有限责任公司（以下简称“京能高安屯热电厂”）、国能国华（北京）燃气热电有限公司（以下简称“国能北京燃气热电”）、华能南京金陵发电有限公司等 5 家电厂智能化建设情况的第一次调研基础上，组织了电厂智能化技术和发展方向专题研讨，委托时任广东电网公司电力科学研究院热工所所长陈世和牵头，国网浙江省电力有限公司电力科学研究院、润电能源科学技术有限公司等单位参加，编写、出版和发布了《智能电厂技术发展纲要》（中国电力出版社出版），第一次以专委会文件的形式提出了智能化电厂的概念、体系架构和建设思路。

2017 年发电自动化专业委员会组织，由时任国网河南省电力公司电力科学研究院副总工程师郭为民主持编写、发布了中国电力企业联合会团体标准《火力发电厂智能化技术导则　T/CEC 164—2018》（2018 年 1 月发布），第一次以标准的形式给出了智能火电厂的基本概念、体系结构、功能与性能、外部接口、设计、安装调试与验收、运行检验测试、智能程度评估等方面的技术要求和实施策略，将电厂智能化的系统结构分为智能化设备层、智能化控制层及智能化管理层组成的管控体系、本地技术支撑和远程技术支撑组成的技术支撑体系、电厂与外部互动接口三部分。

与此同时，行业的一些专家与学者都从不同角度进行了研究探讨，如中南电力设计院张晋宾、西安热工研究院杨新民、国家电投集团华志刚、国家能源集团崔青汝、国网浙江省电力有限公司电力科学研究院尹峰、华润电力技术研究院陈世和等先后发表了学术论文，提出了智能化电厂的体系架构和具体的功能模块（见附录 A.1）。从 2014 年开始，一些智能技术或产品在电站得到应用，一些发电集团开始进行电厂智能化建设的前期规划、论证、实施和工程示范探索。

1.3 火电厂智能化建设面临的挑战

当前，我国电力发展已进入转方式、调结构、换动力的转折时期，由高速增长阶段转向高质量发展阶段。电力企业面临前所未有的机遇，在新技术的推动下正经历着巨大的变革和创新。

能源短缺、环境污染、气候变化是人类目前面临的共同难题，新能源替代与能源转型是解决我国未来能源供应的最基本任务，也是解决问题的有效途径，因此，新能源的迅速发展是大势所趋。虽然传统化石能源仍将在相当长的时间内占据主导地位，但国家清洁能源消纳和环保需求，对火电能源在深度调峰、超低排放、灵活运行、市场化改革等方面提出了更高要求，采用传统技术已难以解决，火电机组智能化建设面临着以下挑战：

（1）目前已实施智能化建设的电厂，运行管理仍然在沿用此前的模式，只是局部应用了一些新技术（如三维应用、数字档案、巡检机器人、人员定位等），这些应属于数字化范畴，管理上有所提升但缺少智能应用，经济指标上没有太大变化，也没有体现在自动化和信息化基础上，采用各种新技术实现智能感知和执行、智能控制和优化、智能管理和决策，从而使得电厂在各种环境和条件下都能自适应，更加安全、经济和环保运行。因此不能算作真正意义上的智能化电厂。

（2）火电面临着燃料价格上升、环保压力和运行成本增加、新能源全额上网挤占电量、间歇性能源增加造成电网调度困难的问题，大多转移到火电控制上，如何采用物联网技术、大数据技术、人工智能为核心的新技术，推进电厂智能化核心需求发展，即通过发电过程控制优化，从企业运营效能、环境友好程度等方面不断提升机组可控可调水平，实现火电机组在中低负荷下安全、环保、减人、降能、增效，供电煤（气）耗达最低方式下运行，从而提升火电能源的清洁高效利用，保持在能源市场竞争力。

（3）发电企业大多是国有企业，国家能源安全是责任。燃料价格上升、环保压力和运行成本增加、盈利能力下滑甚至于亏损，都必须坚守机组的安全可靠连续运行。在工艺系统没有突破性进展的情况下，如何在管理提质增效方面不断挖潜，通过应用先进技术和科学管理手段，解决实时数据与相关管理数据在存储管理与应用方面的割裂现状，从投资驱动转向创新驱动，推进机制创新、数据应用创新、管理创新、科技创新，增强企业对市场变化的应对能力。

（4）目前国内外均未建立电厂智能化标准体系，行业内缺少统一技术规范指导。因认识和理解存在一定差异，不少厂家、科研院所根据自身的理解提出或建立了彼此不同的实施方案，投入大量资金研发，同时，相互之间又缺乏沟通与认可，制约了电厂智能化技术的发展，迟滞了电厂智能化的建设步伐。

（5）目前电厂智能化建设很多都是由互联网公司主导完成，互联网公司有其优势，对平台的搭建、算法有深入的了解。但其劣势也很明显，对业务现场不了解，所以一些产品脱离电厂的实际业务需求，产生的经济效益不明显。

火电厂智能化建设应聚焦于解决上述问题，利用智能化技术，优化并固化先进的生产方式和管理模式。

2 调研目的与调研电厂

2.1 调研目的

燃煤智能发电厂的发展与应用，将成为提高发电领域竞争力的重要手段和未来火电厂转型发展的重要方向。因此，各发电集团都选择了一些电厂进行试点，在传统电厂自动化与信息化的基础上，通过现代控制优化技术、人工智能技术、三维技术、大数据技术、虚拟现实等技术进行了电厂智能化建设探索。

为掌握火电厂智能化建设现状，为相关部门提供电力行业火电厂智能化建设发展报告，便于政府部门和各发电集团了解智能化电厂建设中面临的问题与挑战，促进各火电企业与相关产业、高校、科研院所等单位的优势互补，集中行业资源对核心技术进行科研攻关，推动火电厂智能化建设的健康发展，在刘吉臻院士的组织下，中国自动化学会发电自动化专业委员会（简称发电自动化委员会）、中国能源研究会智能发电专业委员会（简称智能发电委员会）、中国电力技术市场协会工业互联网与智能化专委会（简称互联网专委会），联合组织了国网浙江省电力有限公司电力科学研究院、国家能源集团新能源技术研究院、浙江省能源集团科信部、国网湖南省电力有限公司电力科学研究院、润电能源科学技术有限公司、陕西延长石油富县发电有限公司、国家电投集团内蒙古白音华煤电有限公司坑口发电分公司、阳城国际发电有限责任公司等单位，对火电智能化建设方面具有一定代表性的 18 家电厂进行了主题为“火电厂智能化建设现状”二次调研。本报告根据调研情况分析编写。

2.2 调研电厂与主要内容

二次调研对象涉及 18 家电厂，如图 2-1 所示，调研组从电厂的智能化建设体系架构、建设内容、关键技术、遇到的难点及解决方案、实际落地使用效果以及产生的效益等角度出发与电厂进行交流，通过座谈会、现场实际了解，DCS 显示与资料查看方式，对电厂智能化建设情况进行了调研。

目前，大多数电厂智能化建设分为一平台四大智能应用，在四大智能应用下包含数十个子应用模块。本次调研重点了解了这四大智能应用模块的建设范围、建设效果以及遇到的问题。

大唐南京发电厂
大唐泰州热电厂
国能宿迁发电厂
国电东胜热电厂
国能太仓发电有限公司
国能北京燃气热电
国能石狮发电厂
华能汕头发电厂
华能营口热电厂
国电投沁阳发电厂
中电投新疆五彩湾发电厂
中电投普安发电厂
华电莱州发电厂
华润徐州发电厂
华润湖北发电厂
中信利电能源有限公司
京能高安屯热电厂
浙能台州第二发电厂

图 2-1 火电厂智能化调研对象

3 调研主要内容

调研聚焦于四大智能应用的建设范围与实施情况归纳，具体调研内容详见附录 A“火电厂智能化建设现状调研”。

3.1 智能安全典型应用

从国内智能化电厂的建设情况来看，智能安防是智能化电厂建设中广泛选用的项目，能够给电厂带来切实经济效益，实现减员增效。目前智能安防分项建设方案比较固定且成熟，但从整体方案规划及应用效果上来看效果不佳，仍有很大提升空间，部分智能安防分项项目仍需克服落地困难、实际使用性能不满足要求的窘境。

智能安全从应用的角度考虑，包含基本安全、人员安全、设备安全、信息安全四个方面。人员安全包括人员健康监测、外协队伍管理、智能安全帽、人员定位、异常行为检测、防误入［防走错间隔、封闭空间人员监控（进出人员核对）、特定区域监控］等。设备安全包括智能门禁、车辆定位、设备异常识别等。信息安全为电厂区域工控信息安全系统，除以上三个模块外的安全归类于基本安全，包括智能两票、智能消防、安全台账、移动信息发布等。智能安全从技术实现角度考虑由三层组成，体系架构如图 3-1 所示，依次是设备层、技术支撑层、应用层。

目前智能安全建设中存在的问题主要包括两方面：一方面，智能安防建设缺乏系统性统筹建设。各个智能安防模块分散建设，形成信息孤岛，无法联动，难以构成智能安防系统，很多上层高级联动功能无法实现。另一方面，技术上存在瓶颈。目前国内智能安全建设中很多电厂的定位系统定位精度不高，存在定位漂移现象，导致基于人员定位系统的电子围栏、智能联票、危险源识别等功能无法使用。智能识别方面，图像识别技术虽已很成熟，并在实验室环境下测试时能够取得较好结果，但在电厂实际应用中存在准确率低、误报率高的问题，目前较为成熟的智能识别应用包括：安全帽识别、人流量统计、人脸识别等。行为识别应用效果普遍较差。

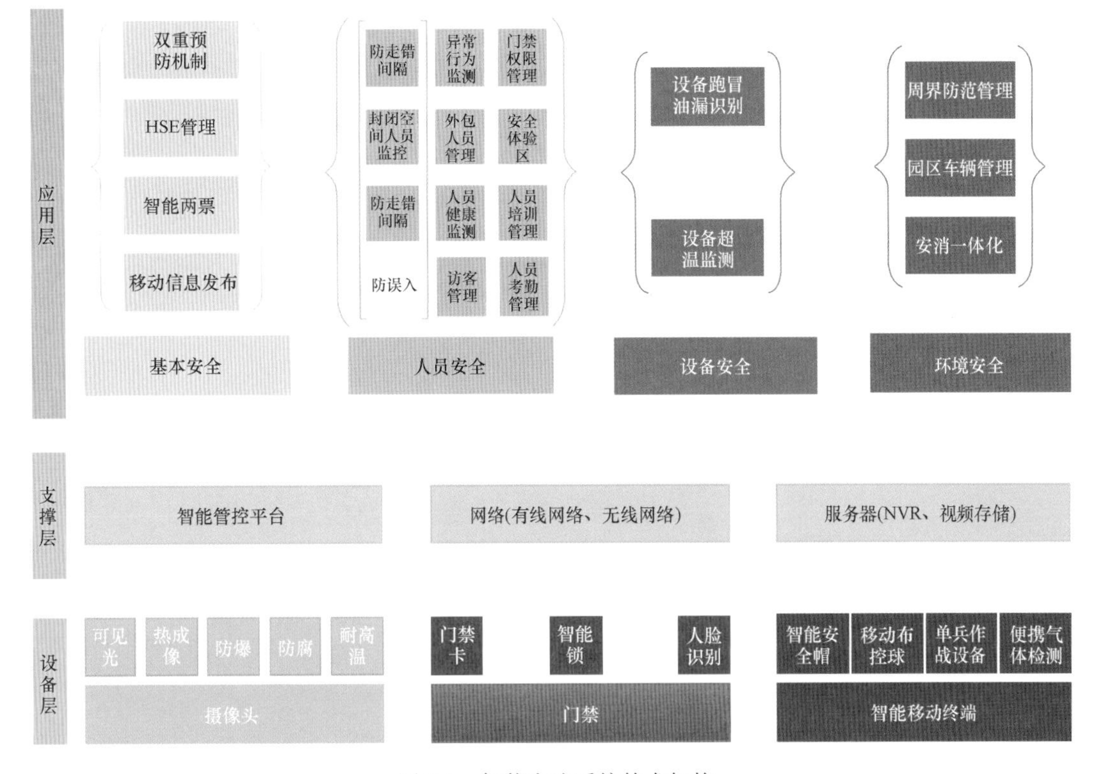

图 3-1 智能安防系统技术架构

3.2 智能生产典型应用

智能生产类功能是指为提升发电厂性能指标和运行人员的操作质量，融合智能监测、智能控制、智能运行、智能优化和数据可视化，开发的信息预警、故障诊断、运行指导、状态评价、控制升级、参数优化等功能。主要服务于电厂生产运行，用于辅助监盘、运行优化、控制品质提升等，降低运行人员劳动强度，提高运行可靠性、经济性。

从主机、辅机的角度也可将智能生产的功能模块划分为智能生产（主机）和智能生产（辅机）两大类，智能生产（主机）按照智能运行、节能减排、宽负荷调峰（频）三类划分，架构如图 3-2 所示，其中：

（1）智能运行：包括智能监盘、灵活性 APS、调节品质评估三个模块。

（2）节能减排：包括性能计算、能效分析与预警、多目标燃烧优化、在线冷端优化、脱硝优化、吹灰优化等模块，目的为节能减排。

（3）宽负荷调峰（频）：包括机炉协调优化、汽温优化、网源协调优化、机组自身蓄能辅助调节、滑压曲线优化、壁温超温抑制、厂级 AGC 等部分。辅机部分分为智能水岛、智能燃料、智能环保岛。

自动品质评估
性能计算
耗差分析
智能吹灰评价
锅炉燃烧评价
设备定期试验
状态评价
预警/监盘
智能监盘
故障主动防御
控制参数自整定
寻优自闭环
灵活APS
负荷巡航
深调优化控制
先进控制
建模寻优
在线滑压优化
在线冷端优化
燃烧优化
APC寻优
操作实时指导

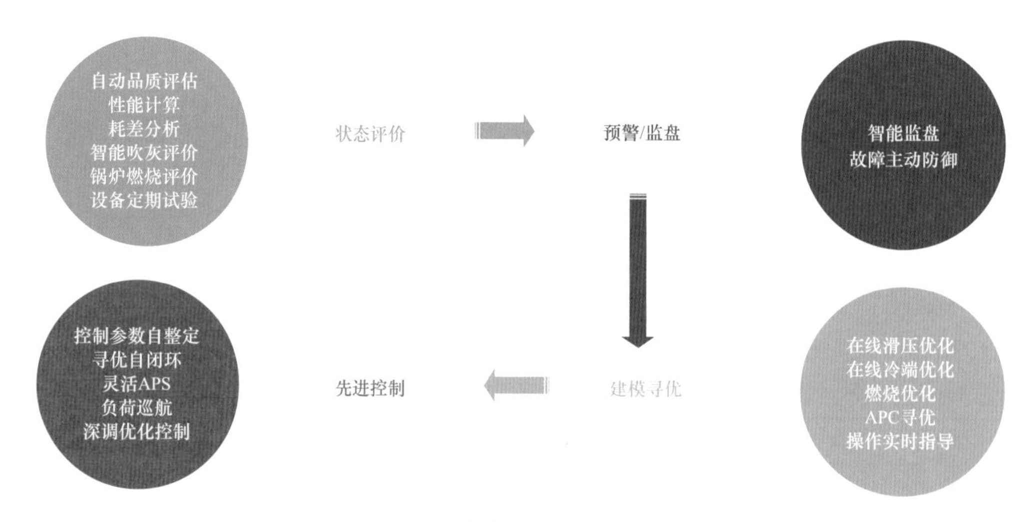

图 3-2　智能生产总体架构

3.3　智能检修典型应用

智能检修系统模块，是一个集设备全生命周期数据管理、设备智能保养、报警、故障诊断、设备状态健康评价、检修排程为一体的信息化综合系统。智能检修服务于巡检、检修、维护工作，基于机理模型和相关标准，结合变量相关性分析和预警效果精度验证，为上述工作提供长周期的在线监测和预警功能，以及科学合理地运行检修决策库，包括EAM（企业资产管理系统）、点巡检、检修管理、技术监督、培训等。架构如图 3-3 所示。

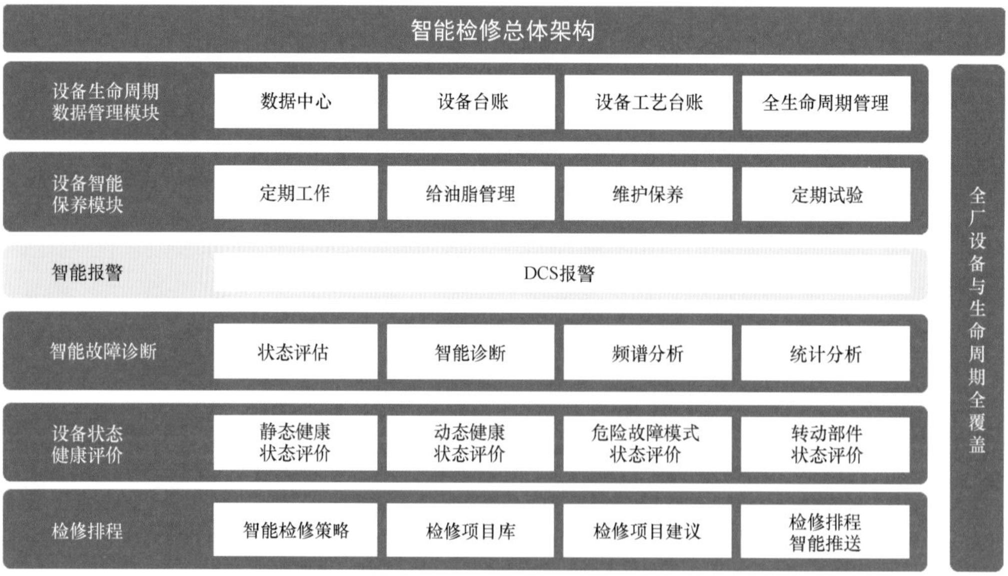

智能检修总体架构
设备生命周期数据管理模块
数据中心
设备台账
设备工艺台账
全生命周期管理
设备智能保养模块
定期工作
给油脂管理
维护保养
定期试验
智能报警
DCS报警
智能故障诊断
状态评估
智能诊断
频谱分析
统计分析
设备状态健康评价
静态健康状态评价
动态健康状态评价
危险故障模式状态评价
转动部件状态评价
检修排程
智能检修策略
检修项目库
检修项目建议
检修排程智能推送
全厂设备与生命周期全覆盖

图 3-3　智能生产总体架构

3.4 智能经营典型应用

智能经营类功能是指为实现人、财、物资源利用效率最大化，基于各类安全、生产、经营数据，具备的仓储、运行、设备、信息、安全、竞价、行政管理智能化功能。主要服务于高级决策人员，通过关键指标分析、展示，基于数据挖掘的知识、规律发现，支持决策人员选择最有策略，包括：

（1）采购管理（燃料智能管理、智能物资管理）；

（2）办公管理（智能公共管理、智能视频会议室、服务商管理、商业智能）；

（3）售电管理（电力市场辅助服务、电力现货市场、CRM 管理）。

4 调研情况总结

火电厂智能化建设，在自动化和信息化基础上，采用各种新技术实现智能感知和执行、智能控制和优化、智能管理和决策。为复杂的生产工艺流程增添自动化的操控手段及具有智能的算法，将孤立的功能模块融会贯通、交差共享，数据挖掘让底层数据显形，实现数据信息可视化，应用于机组运行优化与高效运维，发挥更大作用，实现更高价值。

本次调研结果显示，国内还没有一个完整意义上的智能化电厂，但电厂智能化框架下的许多智能控制技术和先进算法，分别在这些电厂中都已有研究和试点应用，实施后取得一定成效：

（1）围绕发电企业运行、检修维护和本质安全企业建设，在先进的自动化技术、信息技术和思维理念深度融合的基础上，通过先进的传感测量及网络通信技术，提升了对电厂生产和经营管理的监测和感知（泛在感知）；

（2）通过先进和智能控制技术，根据环境条件、环保指标、燃料状况变化，自动调整控制策略和管理方式（自适应性的水平）；

（3）通过对数据的计算、分析和深度挖掘，提升电厂与发电集团的决策能力（智能融合）；

（4）在电能产品满足用户安全性和快速性要求基础上，通过网络技术实现设备与设备、人与设备、人与人之间的实时互动（互动化）。

一些发电集团，通过实施智能化建设促进了电厂安全运行、增效减人和管理规范化，初步建成安全可控、网源协同、指标最佳、成本寻优、供应灵活的燃煤数字电厂试点工程，在提升企业内部管理水平与外部环境自适应能力，实现企业效益最大化目标上取得长足进步。

本报告通过智能管控平台、智能监盘、数据信息挖掘与 SIS 系统的深度开发应用、三维技术、智能燃料（智能煤场）、故障预警与远程诊断技术、智能安防、APS 系统、锅炉燃烧系统、现场总线、移动 App 等项目的开发、实施和应用情况介绍，对火电领域智能化建设中的技术开发、新产品制造、示范工程应用进展及效果进行了总结，汇总了智能化建设中存在的主要问题、应对方案与技术需求，提出火电厂智能化建设中的核心诉求、发展思路和建议。

随着各种智能控制和信息技术以及数字化电厂的不断发展，智能化电厂也将处于不断发展和完善过程中。火电厂智能化建设的目标随能源行业的发展不断演进。目前，智能火电厂的建设重点是：充分应用工业互联网、机器学习、人工智能等新技术，持续提升发电运营和管控水平，实现更加绿色、安全、高效、灵活的运行能力，与智能电网及需求侧相互协调，与社会资源和环境友好融合。电厂智能化目标与典型功能特征如图 4-1 所示。

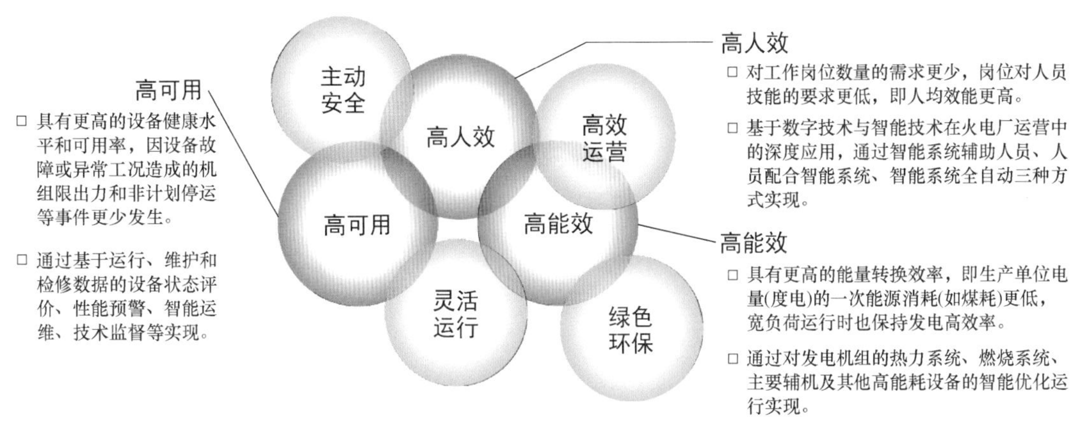

图 4-1　电厂智能化目标与典型功能特征

希望本报告能促进各界深入探索智能发电的路径，凝聚共识，协同发展。

4.1　火电厂智能化体系架构总结

各家电厂智能化电厂体系架构虽然各有特色，存在差异，具体体系架构建设情况见附录 A.1.2“发电企业智能化体系架构”。但总体上分成两个体系，一是 2018 年以前的纵向四层体系架构，分为智能设备层、智能控制层、智能生产监管层、智能管理层，这种模式目前有被改进，因为这四个层级并不是一层基于另一层基础上建设的，比如智能生产监管层和智能管理层就是平行的关系。随着智能化电厂建设的探索，目前行业有种趋势，将智能化电厂的体系分为一平台＋四大功能模块的模式，四大功能模块为平行的关系，均基于一体化平台建设，将四大功能模块的相关数据打通，在最顶层实现统筹调度，具体实施过程中会将一体化平台分为智能控制平台和智能管理平台，其他四大功能模块分布于两个子平台建设。

4.2　电厂智能化建设程度总结

由智能化水平作为评判标准，我国智能火电厂建设仍处于初始阶段。各发电集团智能化电厂建设试点企业，或者紧扣生产运营中的痛点难点，或者基于当期的技术热点和成熟度，针对一个个相对独立的应用场景开展智能化建设或改造，侧重于创新和亮点，对系统性规划和可持续发展的关注度较低。18 家发电企业在智能化应用的功能配置上相对比较分散，建设的热点往往取决于技术的成熟度，其功能场景的分布情况如图 4-2 所示。

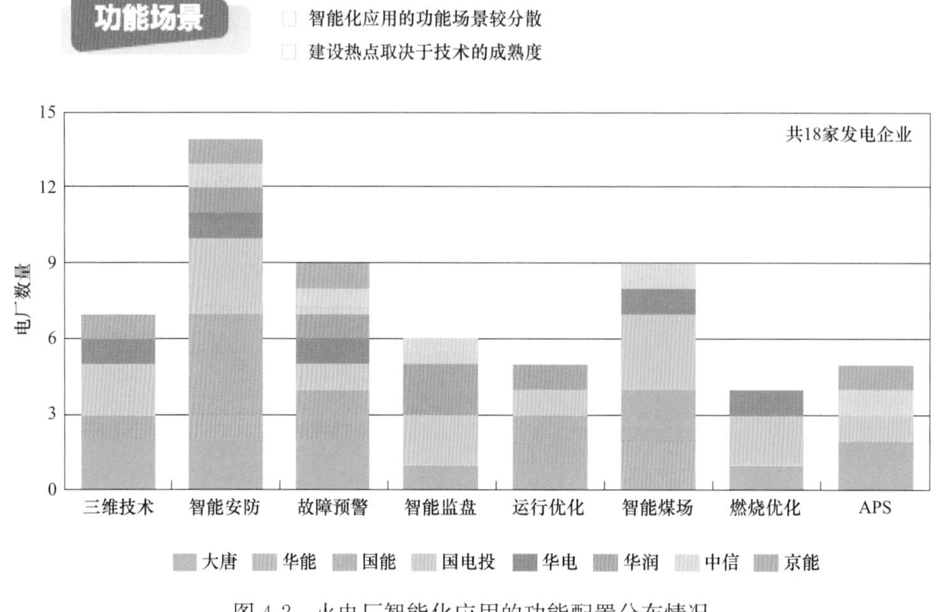

图 4-2 火电厂智能化应用的功能配置分布情况

建设投资的收益率水平估算表明，现阶段智能化建设投资收益呈非线性特征，随着投资额的增加收益率有所下降，综合效益增长高于经济效益增长，如图 4-3 所示。但随着电力改革推进、行业技术进步与关键技术突破，智能化发展势必改善火电企业盈利能力，并将不断推动投资收益率的持续提升。

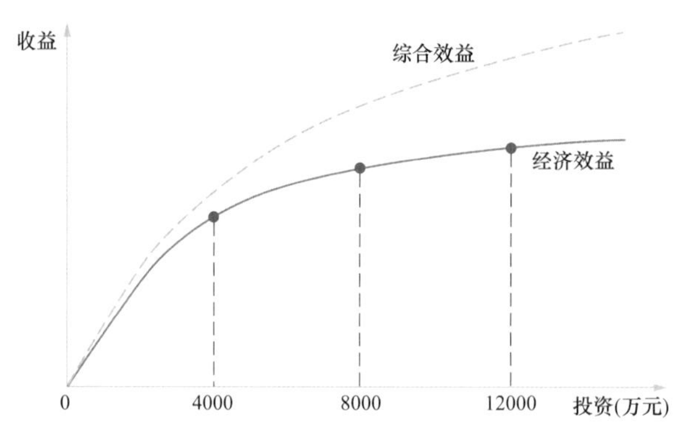

图 4-3 火电厂智能化投资收益趋势示意

从调研的总体情况来看，各试点企业结合各自需求，对智能电厂的体系架构进行了有益探索。虽然多数电厂依然采用传统的由智能设备、智能控制、厂级监控和智能管理构成的多层纵向架构，但是以国电东胜热电厂和国能宿迁发电厂为代表的智能控制与智能管理并列的功能架构逐渐为业内所接受。传统火电厂通常由分散控制系统（DCS）、厂级监控系统（SIS）、管理信息系统（MIS）构成由下至上的三层信息系统架构。国电东胜热电厂和国能宿迁发电厂改用并列的智能控制系统（ICS）和智能管理系统（IMS），将SIS功能根据用途侧重（运行或管理）拆分至ICS和IMS，二者之间是单向安全隔离装置（网闸）。总结其智能化电厂体系架构的主要特征是：两平台（智能发电平台、智能管理平台）和三网络（生产大区网络、管理大区网络、工业无线网络）。

4.3 火电厂智能化建设中的主要问题

根据对18家智能电厂建设深入走访，发现试点单位在智能电厂建设过程中，由于前期策划投入不足、认知深度不够和惯性思维的约束，导致在智能电厂的建设过程和实施成效方面，存在下述共性问题。在刘吉臻院士的安排下，发电自动化专委会组织调研组和接受调研的各电厂技术人员一起，深入分析讨论后给出了一些电厂智能化建设的建议，具体内容见附件B“火电厂智能化应用分析与建议”。

1. 定义不清，方向不明

目前，由智能化水平作为评判标准来看，我国智能电厂建设仍处于初级探索阶段。由于缺乏行业或国家标准的指导，智能化电厂定义不清，方向不明，一线电力生产企业不好把握智能化建设方向，处于摸石头过河的阶段，在以“需求侧”作为企业智能化建设为导向过程中，因企业及厂内不同部门对智能电厂的认知、关注点与积极性各有所异，往往存在“散点式”布局，智能发电的系统性建设不足。另为追求创新，以智能电厂为名开发建设了种类繁多、标准不一的功能应用，形成许多新的信息孤岛。但也有很多项目着重理念炫酷（如目前大多数电厂智能化建设介绍都采用了数字化双胞胎技术，但性能计算及优化分析数据，基本上还是依赖经验公式或曲线查点等方式，调研的厂家中还没有发现采用热平衡仿真的方式进行），有的口号创新，如智慧化、超智慧化、超超智慧化电厂等。

虽然各大发电集团均争相推出各自智能火电企业建设规范和指导意见，但这同时也容易造成各智能化建设先行火电机组出现“各自为政”的局面，使智能化建设缺乏可供推广的统一模板。另外，电厂有自己独特智能电厂建设思路时，向上级单位申请资金和项目建设时可能会遇到阻力。

2. 平台技术路线缺陷

因缺少统筹规划，智能控制与管理平台的技术路线存在缺陷。企业和厂商对智能电厂建设的关注点在于智能应用等场景，对关键的计算平台缺少投入，多选择在已有系统的基础上进行功能扩展。这种解决方案因兼容性约束，未能导入最新的数字化技术，其性能和可扩展性存在缺陷，并对项目整体的长期收益带来较大风险。

3. 传感器瓶颈

目前电厂传感器基本上仍是传统的传感器，基本不具智能功能或智能化不足，也做不到对所有系统的全覆盖，现场总线等智能装置与宿主设备相对独立，缺少真正意义上的智能设备，是智能化发展的瓶颈，也是实现真正意义上的智能化电厂难题。

4. 信息系统重复建设

信息系统建设是一项系统工作，一些平台采用集团统建的方式才能发挥最大效应，比如故障诊断模块，单一的电厂拥有的数据量有限，只有超出厂区更大范围的同步建设才能收集到足够的数据训练模型。若各单位自行建设，不但使各平台五花八门、参差不齐、标准不一，产生更多的信息孤岛，而且费用比统建有较大幅度上升，存在重复建设和资金浪费的情况，比如三维技术的使用，这个技术的通用性极高，如果集团层面开展这方面的工作，可以同时将集团下多个厂建设三维项目，只需根据不同厂的特点重新建模即可，从而可避免重复投资。

5. 互联网＋的应用与网络安全矛盾

互联网＋的应用与网络安全，如何找到一个平衡点是电厂智能化建设的关键一步。智能电厂建设进行中，如不对网络安全工作给予足够的重视，会产生很大的网络信息安全风险，而工业领域是一个对网络信息安全非常重视的一个领域（如每年进行的“护网行动”），大部分电厂进行了内外网分离，无法与互联网进行数据交互，影响系统使用功能。移动 App 应用受网络管控限制、全厂 Wi-Fi 部署是否安全都是突显出的问题。

6. 发电控制与检修技术尚无突破

发电过程控制系统运行，大多仍根据定值曲线自动调整能实现自适应优化，APS 未能投入长期运行。检修维护仍沿用原管理模式，比如故障预测与诊断，虽然各电厂智能化建设中都进行了研发，有的还投入非常大的人力与物力，但到目前为止，既做不到准确可靠，也无法满足对设备故障监测的时效性，甚至有的是徒有虚名，故障预警诊断、设备可靠性评价等检修类应用没有突破。

智能发电控制与检修的大多数项目，仍依靠科技项目或信息化项目的形式推进，未能与生产相结合投入实际应用。

7. 信息数据难以分析使用

目前火电厂自动化系统缺乏统一的信息化系统的支持。存在着多家单位的不同平台的集成，存在模拟信号没办法转化成数字信号、不同数据接口不一致、缺乏统一接入平台种种改造困难。

发电企业对相关记录的管理考核不足，以往的检修维护记录大多数还是采用纸质，没有翔实的数字化记载，即使有部分记录也没有结合历史数据形成知识库，难以通过分析指导后续工作。

此外，随着智能化建设的逐步推进，生产经营过程中产生的数据不仅从数量上变得更加庞大，而且更复杂，这种复杂性表现在：数据的不定性、随机性、模糊性，信息的不完全性以及语义表达的歧义性。因此大多数信息有量无质，难以分析使用。

8. 投资产出比低

电厂智能化最终为生产服务，产生效益，但目前试点企业和相关厂商对新功能、新概念的关注多于对提质增效和综合收益的考量，部分智能化建设内容效益甚微，存在被厂商引导消费的情况，存在投资风险。供应商服务与企业要求存在差距，实施过程中，企业依赖供应商提供全面服务，但多数供应商提供服务仍停留在“以我为主”理念。电厂智能化建设中应围绕提升绿色、安全、灵活、高效等核心指标开展，从实际需求出发寻找解决方案，这样才能达到有针对性地降本增效的效果。

智能化应用往往带来管理的变化，实际上背后却是思维模式的转变。通过数字化和人工智能技术改造传统能源产业，不是简单的技术改造，而是对生产管控和企业运营模式的一次革命，面临巨大的挑战和较高的风险。能否勇于接受、认同、拥抱这种改变，对传统的发电企业管理人员是很大的挑战。

9. 专业人才严重缺乏

在建设智能化电厂方面所需的人才特别是高素质专业人才严重缺乏，现有人员技术力量薄弱，难以支撑和满足电厂智能化建设的发展需求。电厂工程技术人员与智能应用开发人员的知识代沟是制约电厂智能化建设水平的重要因素。

信息专业人员作为电厂生产运行中的辅助性岗位，而在智能电厂建设当中，作为项目的整体实施及推动者，这样身份发生一个不小的转变，无论是岗位还是职责都不是非常清晰和明确，故而在推动项目的开展和实施时，可能会产生一定的阻力。此外，同一电厂各部门对电厂智能化建设的认识不足，对智能电厂建设主动性不强，系统实施有的处于被动摊派模式，存在一定的盲目性。

4.4 火电机组智能化发展对策建议

4.4.1 主管部门政策支持建议

主管部门集中行业资源，继续推进智能化电厂的相关技术研究、探索和有序推广应用，通过制定技术标准、跟踪实施成效、推进示范项目建设等手段，提升发电智能化水平，发挥火电机组在新型电力系统中保障电力稳定供应的重要作用。

1. 扶持自主可控智能仪表、优化软件产品

主管部门通过科技立项，扶持国内仪表企业的新技术研发或联合电厂以科技项目，开展自主可控智能感知仪表、优化软件产品的研发，推进自主可控智能仪表、优化软件产品在电厂的示范应用，提高发电机组长期运行的安全性。

在政策上鼓励与引导国内制造智能仪表产业的健康快速发展，减少人为设置门槛，促进国内制造仪表提高产品质量，同时发挥学会与行业协会作用，做好行业自律，不搞恶性低价竞标，共同促进制造业良性发展。

2. 整合行业专家资源

建议能源主管部门，可利用专业协会、学会的力量，整合行业专家资源，持续跟踪调研各智能电厂项目建设过程中的经验教训及应用成效，发现问题及时组织行业专家研究解决方案，通过定期发布智能火电厂的最佳实践、咨询指导，引导各发电企业的数字化建设向创新创值的方向健康发展。协助有意愿的发电企业打造新一代的智能电厂示范项目，助力“十四五”能源数字化转型提升。

3. 出台标准

随着国家智能制造战略推进，各大发电集团纷纷推出自己的智能电厂发展战略。智能发电领域的技术与市场发展迅速，需要建立智能化电厂标准体系，可对行业推广项目，组织团体、行业或国家标准的研究与制定，发挥标准引导作用。同时，随着一带一路项目合作的广泛开展，有必要同步开展国际标准的研究制定工作，建立国际标准体系，以在国际竞争中占得先机。

2017 年中国电力企业联合会团体标准《火力发电厂智能化技术导则》的制定与颁布，有效引导了这几年的智能电厂建设方向，经过几年的探索与建设，火电厂智能化电厂建设有了很大的发展，目前制定行业和国家标准的时机已成熟。

建议主管部门在总结提炼电厂智能化建设经验与教训基础上、从行业和国家层面加快组织制定、出台电厂智能化建设、运行、维护、管理和评价标准。比较成熟的智能化建设方向通过标准提供给待建电厂参考，比如本次调研过程中的智能煤场、三维技术等建设方向都已经比较成熟，应通过标准化指导未来方向，有利减少重复研究投资、加快提升火电数字化能力，推进新型电力系统的发展。

4. 开展智能化程度评价

考察数字智能技术在电厂中的功能定位和实际效用，以高人效为核心，结合高能效、高可用等维度对智能化程度进行评价。重点针对智能化相关技术在电厂的应用范围、应用深度，以及它们对发电厂安全、高效、灵活、环保运行水平提升的成效，分为三个等级的评价见图 4-4。

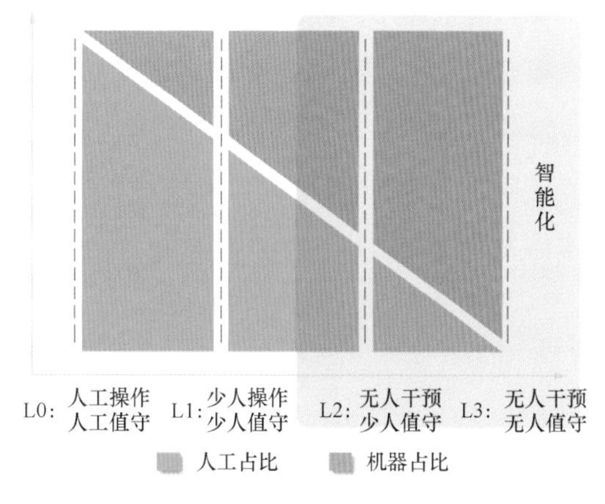

图 4-4 智能化阶段评价示意

初级阶段［L1］：关键技术特征体现为生产管控数字化。利用计算机、网络通信等，实现全厂信号的数字化采集、传输和存储；利用智能设备、先进过程控制和人工智能等技术，实现全厂范围内的主要生产过程自动化，同时实现生产数据与管理信息融合利用，并为管理决策提供支持。

中级阶段［L2］：关键技术特征体现为生产过程全自动。利用高准确率的智能预警、智能控制等技术，实现全厂范围内全工况生产过程自动化；通过深入应用智能设备和人工智能等技术，在运营过程中实现可预测、可控制及全流程优化。在正常的生产运营过程（无重大事件或异常发生）中，实现“无人干预、少人值守”。

高级阶段［L3］：关键技术特征体现为企业运营高度智能。通过广泛应用智能化技术，在自主寻优与进化的基础上，能够自动根据火电厂内外部环境的变化，优化运行策略、方法、参数和管理模式，实现发电企业经济效益与社会效益最大化。

5. 树立智能化示范项目

对之前实施的智能化建设项目进行总结提炼，组织应用效果明显、具有推广意义的项目交流、评选和进一步完善性优化研究，树立智能化示范项目在行业推广。由各集团总结、申报智能化示范项目，通过行业专家现场考察、测试评价后，组织各集团专家对申报项目进行智能化程度评价，培育智能高质量示范项目和发展示范区、出台优惠政策支持智能化高质量发展、建立并逐步完善智能管理和监管机制等。

6. 关键技术专题研究

在智能化电厂建设过程中，各发电集团或行业协会、学会，可开展以下专题研究，争取取得突破，推动火电厂智能化发展。

（1）智能控制器的深入研发，提升实际应用效果。

目前的智能电厂普遍建立在信息化的基础上，优化运行策略、智能预警和故障诊断等功能，难以通过常规 DCS 有效实施。虽然有些电厂进行了智能控制器初级阶段的研究开发与应用，但智能控制器的性能、应用功能与实际应用效果上还有很大的深入研究空间。因此，将优化运行、智能预警等模块直接部署在带有智能控制器的 DCS 侧，将自适应优化后的结果直接控制 DCS 调节，以真正实现智能控制器在电厂经济、环保、安全运行的作用。

（2）技术体系架构研究。

在总结火电厂前期智能化建设经验与教训的基础上。进行全厂级技术体系架构的研制。调研组在总结、提炼 18 家电厂智能化建设情况的基础上，提出由基于底层的智能设备、处于核心位置的智能管控平台一体化技术、基于平台之上的诸多智能应用协同构成的技术体系架构如图 4-5 所示，供参考。

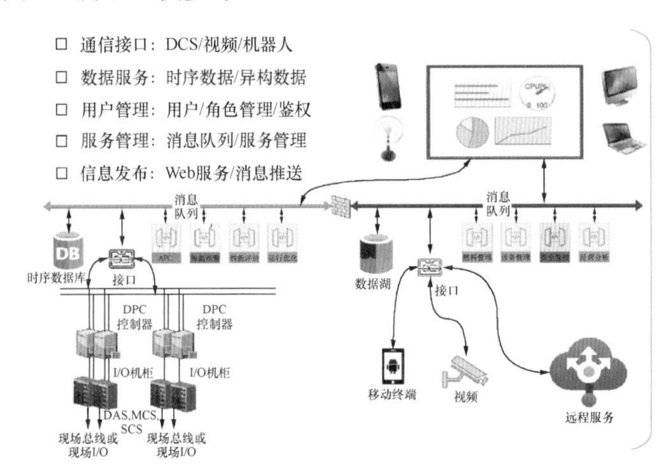

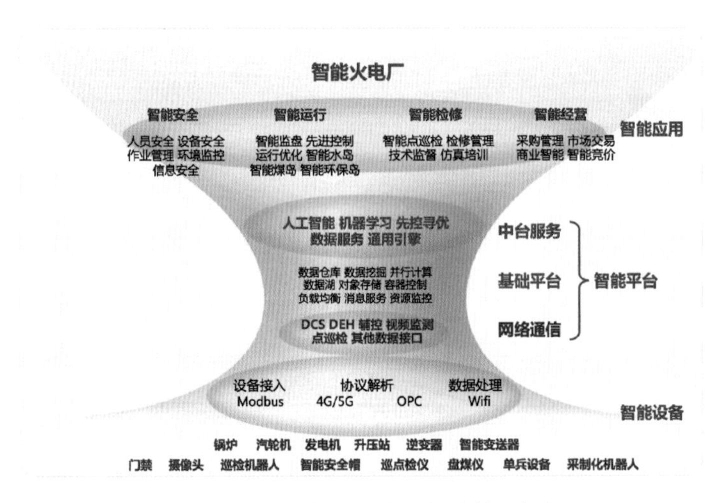

图 4-5　火电厂智能化建设技术体系架构

图 4-5 中智能设备是数字系统与生产工艺系统的接口；智能平台是各智能应用间数据共享、信息互通、联动集成的基础；智能应用服务于具体的应用场景。

智能电厂为最终用户服务的是一个个智能应用（例如：基于三维技术的安全管理、智能监盘），目前已有近百种功能各异的智能应用，可根据其主要功能分别归入四类应用集合：保证人员与设备安全的智能安全、提升全自动集控能力的智能运行、改善设备健康水平的智能检修、推进企业高效运营的智能经营，其中：

智能安全核心包括：采用大数据技术进行人员安全画像实现主动安全、以视频监控和人员定位及电子围栏等进行人员安全管理、利用视频和声音识别融合运行参数监测设备与环境安全。

智能运行核心包括：对常规控制系统通过控制器进行算力和算法扩展形成智能控制系统，利用性能评价、先进控制与运行优化探索全自动最优控制，利用智能监盘、机器人巡检实现“大集控”减人30%以上。

智能检修核心包括：以EAM的功能拓展作为应用基础、建立完整的设备树及科学的量化指标体系、实现以可靠性和经济性为中心的设备全生命周期管理。

智能经营核心包括：采用商业智能工具深度分析掌握企业运营效能、通过成本动态分析为电力实时交易提供市场博弈策略、集成利用5G、移动应用、网络会议提升管理效率。

（3）提升故障预测与诊断实际应用效果的研究。

未来的电厂智能化建设中，故障预测与诊断研发，仍是需要坚持重点研究、自主开发与推进应用的关键技术之一。利用机组积累的数据进行大数据分析，得出各运行工况下设备参数运行期望曲线，与实时运行数据比对，以便通过设备或系统行为的细微差异分析，提前预警变化趋势，为用户走向设备的预测性运维提供基础支撑。

（4）新型APS系统的研究。

APS关系到全厂设备的操作习惯与运行模式，各集团都有电厂进行研究与实践，虽然实际投运不理想，但因APS深刻影响到机组的自动化程度，因此研究一种灵活实用、简洁清晰，能长期可靠的投运APS系统，是电厂智能化的重要方向之一。

（5）智能监盘系统完善研究。

智能监盘系统的研究与应用，已取得一定成效，通过智能监盘系统的预警，让运行和检修人员提前了解到设备的异常，并采用相应的操作。下一步除了继续完善智能监盘系统的功能与可靠性外，应推动进行智能监控功能的研究与应用，赋予系统自适应控制的能力。

（6）保障电力稳定供应的研究。

在新型电力系统中，为保障电力稳定供应，火电机组智能化应进行以下两方面的研究与实践：

调峰范围研究：高比例新能源接入的新型电力系统中，煤电作为基础保障电源，要求能够在更低负荷工况下运行，但前提是要保证机组的可靠性与寿命不受影响，利用实时性能分析和运行优化等智能技术，保证机组在临界工况时持续稳定高效发电。

快速调频研究：高比例电力电子元件接入的新型电力系统，对电网频率稳定有更高要求，在全网转动惯量不足的情况下，通过智能技术实现的精准快速调频，才能利用有限的机组蓄能有效支撑电网稳定。

（7）智能化检测与执行仪表的研发。

近年来国内芯片和高品质元器件的生产与应用，为国内制造仪表奠定了物质基础。通过持续多年努力，进口仪表的引进和应用经验积累，新技术的消化吸收，严格的工艺质量控制和用户实践，国内仪表厂家大大缩短仪表研制和可靠性提高的进程，有了一批掌握高端技术的控制系统与仪表开发与制造单位。

电厂智能化建设带动国内智能化仪表的开发，通过重点科技项目攻关等手段，扶持国内仪表企业在完善传统仪表功能的基础上，积极研发新技术仪表和智能化仪表，或联合电厂进行科技攻关，提高仪表的智能化，增强国内仪表企业的市场竞争力，从而提高我国发电机组长期运行的安全感。

4.4.2 火电机组智能化建设建议

各电厂在实施电厂智能化建设的过程中，除了要立足国情和智能禀赋，坚持面向未来、面向市场，结合其自身的现状和特点，注重实效，体现全生命周期管理外，需要做好总体规划及顶层设计，贯彻信息共享、功能融合、数据平台一体化的要求。为积极稳妥地推进智能电厂的建设，在调研、总结 18 家电厂智能化电厂建设经验与教训的基础上，提出以下对策建议供准备开展智能化建设工作的电厂参考。

1. 统筹策划

电厂智能化建设应从全生命周期角度统筹策划，整体规划、全面布局、分段实施、控制风险。智能电厂的建设已由探索初期进行到了探索的中后期，工艺关键流程的智能应用已广为电厂人熟知，各电厂可根据需求及计划制定总体方案。如迅速见效益的方案，使用成熟的技术，将项目迅速落地，实现增效。如探索创新的方案，与高精尖团队合作，进行开发及探索，争取获得更大的创新和收益。整体方案的制定不仅可以加速智能电厂的推进，更可以减少重复投资，是智能电厂建设的关键一步。

2. 顶层设计

应进行规范顶层架构设计标准的研究，将建设目标与业务管理的优化紧密集成，避免产生信息孤岛，通过资源共享、模块化和互操作能力，适应不同电厂需求的差异和功能持续演进带来的需求变化；利用深度学习等人工智能技术，在提升系统对常见干扰和异常的抑制能力同时，保持对环境变化和指令的快速响应能力，在稳健性与敏捷性之间取得最优平衡，其中：

（1）资源共享：计算能力、存储资源、网络通信通过不同方式的虚拟化或资源池化，实现资源共享；数据、模型、算法的表达通过标准规范的约束，保证其开放性和可用性，实现资源共享。

（2）模块化：模块化是保证智能电厂可扩展与多样化的基础。模块化的颗粒度以保证单一模块功能集合的紧密协同和不同模块功能组合的灵活性为原则。

（3）互操作性：各应用系统之间的互操作性，是智能电厂适应生产运营方式多样化和持续演进的重要保障。各模块之间通过标准的进程间通信，实现相互间的功能调用和信息分享。

（4）稳健性：对于内、外部干扰和异常事件，具备必要的抑制能力和容错能力，保证发电机组在工况异常时有自愈能力，在工况变化时不发生性能劣化或功能失效等事件。

（5）敏捷性：对于电网频率等外部条件和煤质等关键内因的变化，能够快速识别并采用最优策略对运行工况或方式进行调整，实现对变化的敏捷响应，保证发电机组持续绿色高效运行。

3. 核心指标与长远规划结合

火电厂机组状况各不相同，各厂智能化的发展基本思路应是根据电厂实际情况，以问题为导向，以提升绿色、安全、灵活、降本增效为核心指标，结合长远规划，运用大数据分析、人工智能、物联网、云架构、智能感知、智能控制、虚拟仿真等技术，推进电厂智能化的建设工作，达到减人增效、安全可控、高效经济、节能环保等目的。在一体化控制系统、一体化管控平台基础上，通过应用各种不同的智能模块，涵盖规划设计、设备采购、工程施工、安装调试、运行维护、检修技改直至机组退役全过程，构建全寿命周期智能化电厂。

4. 持续开发

（1）要实现智能化，首先应关注电厂的基础开发与建设，比如传感器、变送器、压力开关、执行机构等现场测量与控制仪表，通过项目推动这些底层设备的国产化、智能化研发、应用和性能及可靠性的提升。

（2）智能电厂建设过程中应坚持不断创新、持续投入、逐步完善。目前大数据、云计算、人工智能等技术仍在快速发展，且这些技术在国内电厂的应用还处于起步探索阶段。“云大物移智”等新技术在互联网、金融等领域应用甚广，但由于工业领域在安全方面的严苛要求，故而在工业和信息化融合方面遇到了较大的阻力，应用改造推进缓慢，因此电厂智能化需要持续投入研究、建设，转变观念，努力创新。

（3）参考智能工厂技术路线，推动以智能化设备和工业互联网为基础的技术架构，开发全自主可控系统与仪表，赋予智能运算、智能分析与智能控制功能，提升处理复杂工艺或工况的智能控制能力，实现节能减排、减人增效。

5. 数据治理与应用

应制定科学的数据治理机制，统一测点标识、信息表达、特征维度等数据标准。做好基础数据架构设计和自动采集工作。确保基础信息编码、数据接口统一，降低开发成本，避免数据接口过多、纸版转录电子版、数据不一致或重复等情况的发生。

应从业务出发，深入流动数据研究，寻找数据价值创造点，进行隐形数据显性化与应用创新，针对性采集相关数据和开发建设应用系统，提升管理效率，创造数据价值。

6. 建立与用好数据分析处理中心

可在SIS、MIS一体化基础上，建立电厂数据仓库，通过三维建模建立三维虚拟电厂及三维数字化档案系统，实现三维实时信息监视和数字化信息管理。结合大数据分析，建立生产、运行和经营优化系统。采用智能感知和执行、人工智能（智能算法）技术，实现宽负荷范围机组协调优化控制。利用三维可视化技术，建立设备可视化智能培训系统。综合采用机理模型、大数据分析和专家知识库，结合离、在线设备监测技术，实现设备智能预警和故障诊断，开展可预知维护和状态检修。通过高精度人员定位、智能感知和控制技术，实现基于“互联网＋”的安全管理、智能燃料管理和智能厂区管理系统。通过提供协同工作平台和移动应用，实现管理制度标准化、流程最优化，实现数据共享和提高工作效率。通过在线指标统计和分析、在线优化可视化等技术，为企业管理者提供决策参考和智能决策。

7. 网络建设

全场智能化需要有好的网络作为信息交换基础，加强全厂无线网络及网络安全的建设。

8. 统筹建设

部分智能化建设方向需要统筹各电厂的资源完成，比如故障诊断，因此一些涉及大数据支撑的研究方向，需要集团层面牵头开展，既提高了开发效率，也避免重复投资现象。

9. 适当的容错机制

由于目前电厂建设没有可供借鉴的成熟模式，很多工作的开展都是先行先试的探索性工作，因此应建立适当奖励与容错机制，鼓励发电企业关注新技术及研发应用、优化过程工艺与控制及企业内在因素，减少企业的顾虑，创造有利推进电厂智能化建设的环境，开展探索性研究。

智能化电厂建设应通过广泛应用新技术、优化组织机构和创新管理模式，达到机构人员精简化、信息采集数字化、信息传输网络化、运行控制最优化、数据分析软件化、决策系统科学化，从而建成国内一流电厂。

10. 实施与运维队伍的建设

搭建电厂智能化建设技术交流平台，针对性地探讨智能化电厂建设的经验与教训，为电厂智能化建设开阔思路，提高工作前瞻性和实效性，同时通过专业培训、人才引进、业内合作，加强智能化电厂建设与运维队伍的建设。建议合作的队伍选用电力科研院所等电力研究机构开展电厂智能化建设，合作的团队中应既有软件开发信息化人才，也有电力业务专家，便于为电厂研发出符合整个发电过程需求的整体解决方案和产品。

智能化电厂建设的核心是减人增效，而减人增效的重点还是要在生产工艺流程中下苦功夫。因为重复性高、工作强度大的工作主要还是集中在生产工艺流程上的运行及检修人员的工作中，智能化电厂建设工作推进人员需深入生产、检修一线，解决实际问题。通过需求驱动，同时有效调动应用人员参与的积极性。大部分智能化的应用都需要在现场进行大量的调试工作，如果需求不强烈，现场工作人员参与的积极性不高，将会直接影响调试和应用效果。此外，即使一个很好的方案或项目实施后，如果不给运行检修维护人员普及、掌握不到位，导致使用效果不好，产生不了效益，最终可能会被弃而不用。

智能化电厂的建设是一个长期实施的过程，总体规划，顶层设计、分步实施，信息化—数字化—自动化—智能化是一个不可绕过的建设进程，应避免装门面、做花架子的情况发生。

附录A　火电厂智能化建设发展及现状调研

附录 A 为《火电厂智能化建设研究与实践》（中国电力出版社出版）部分摘要。

A.1　火电厂智能化体系架构调研

2016 年 7 月 4 日，时任华北电力大学校长刘吉臻院士在华北电力大学与中国国电集团公司（2017 年与神华集团重组为国家能源投资集团有限责任公司）共建的“智能发电协同创新中心”揭牌仪式上接受《中国能源报》记者专访时，指出“智能发电是第四次工业革命的大趋势”，“其初级形态应包括自趋优全程控制系统、自学习分析诊断专家系统、自恢复故障（事故）处理系统、自适应多目标优化管理系统等”。在此之前，刘吉臻院士在不同场合多次强调火电厂保持在能源市场竞争力的出路是向智能化发展。2018 年首次在《电力企业智能发电技术规范体系架构》中提出了两层的智能电厂体系架构。

2016 年，发电自动化专委会根据金耀华主任委员的意见，由孙长生秘书长主持，在 2015 年对京能高安屯、华能金陵等 5 家电厂智能化建设情况的第一次调研基础上，以及电力行业资深专家侯子良教授的指导下，组织了电厂智能化技术和发展方向专题研讨。之后联合电力行业热工自动化技术委员会，由时任广东电网公司电力科学研究院陈世和所长牵头，国网浙江省电力公司电力科学研究院、国网河南省电力公司电力科学研究院、浙江能源技术研究院、上海明华电力技术工程公司等单位参加，编写、出版和发布了《智能电厂技术发展纲要》（中国电力出版社出版），第一次以文件的形式，提出了智能化电厂的概念、体系架构和建设思路。

2017 年中国自动化学会发电自动化专业委员会组织，由时任国网河南省电力公司电力科学研究院副总工程师的郭为民副教授级高级工程师主持、国网浙江省电力公司电力科学研究院、各发电集团等 20 家单位参加研究、编写、发布了中国电力企业联合会团体标准《火力发电厂智能化技术导则　T/CEC 164—2018》（2018 年 1 月发布），给出了智能火电厂的基本概念、体系结构、功能与性能、外部接口、设计、安装调试与验收、运行检验测试、智能程度评估等方面的技术要求和实施策略，将电厂智能化的系统结构分为智能化设备层和智能化控制层及智能化管理层组成的管控体系、本地技术支撑和远程技术支撑组成的技术支撑体系、电厂与外部互动接口三部分，其具体系架构如图 A-1 所示。

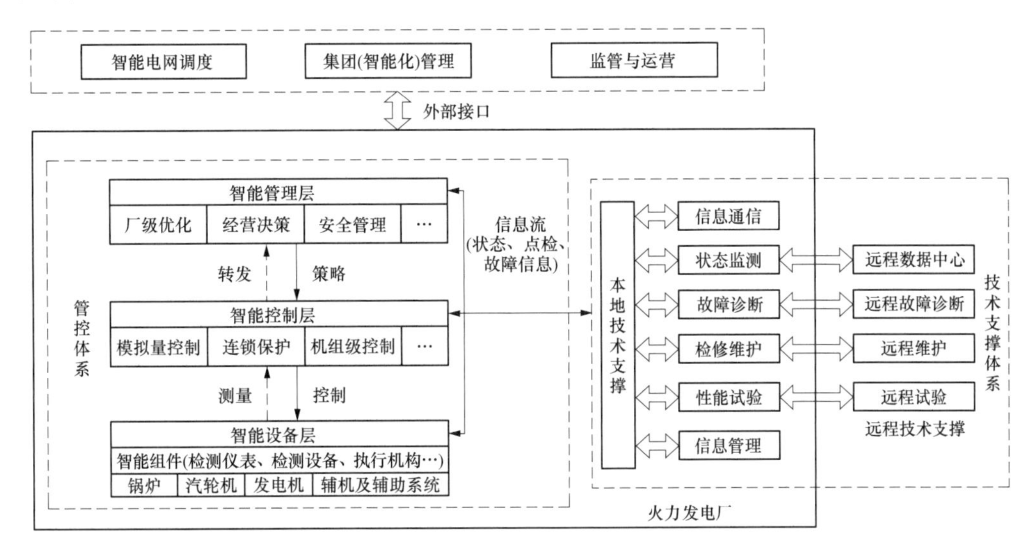

图 A-1　《火力发电厂智能化技术导则》智能化电厂体系架构

A. 1. 1　行业部分专家研究论文

火电厂从数字化向智能化转型的过程中，行业的一批专家与学者都从不同角度进行了研究探讨，先后发表了学术论文，提出了各自的智能化电厂体系架构和具体的功能模块，调研组从发布的论文中选择摘录如下。

A. 1. 1. 1　华北电力大学刘吉臻院士团队

刘吉臻院士提出了两层的智能电厂体系架结构，国家能源投资集团崔青汝教授级高级工程师与其团队成员牛玉广教授等人，于 2018 年在《电力企业智能发电技术规范体系架构》中进行了阐述，如图 A-2 所示。智能火电根据智能发电建设的总体目标，在保障电力

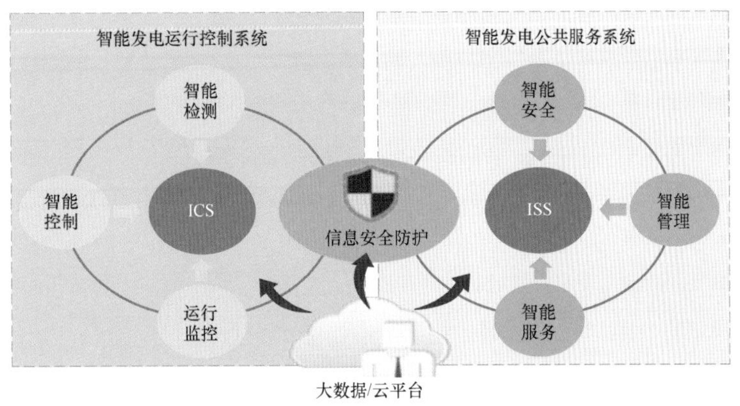

图 A-2　《电力企业智能发电技术规范体系架构》智能化电厂结构

监控系统信息安全前提下，综合引入云计算、大数据、物联网、移动互联和人工智能等先进技术，在火电厂工业控制系统结构基础上，整合拓展发电过程的实时数据处理和管理决策业务，构建智能运行控制系统（Intelligent Control System，ICS）和智能公共服务系统（Intelligent Service System，ISS）；落实国家信息安全等级保护制度，按照国家信息安全等级保护的有关要求，坚持“安全分区、网络专用、横向隔离、纵向认证”的原则保障电力监控系统的信息安全，建立信息安全管理体系。

A. 1. 1. 2　华能集团西安热工研究院杨新民正高级工程师团队

西安热工研究院杨新民教授级高级工程师等在《数字化电厂概念的解析及探讨》论文中，对数字化电厂的概念进行了阐述，从发电厂生产和管理流程及实现的目标出发，将智能电厂架构按信息转换、过程监控层、生产监管层、综合管理层 4 个功能层进行分级，如图 A-3 所示。文中提出了火电站在向智能化发展过程中应遵循的原则，以及未来重点发展方向和技术路线。

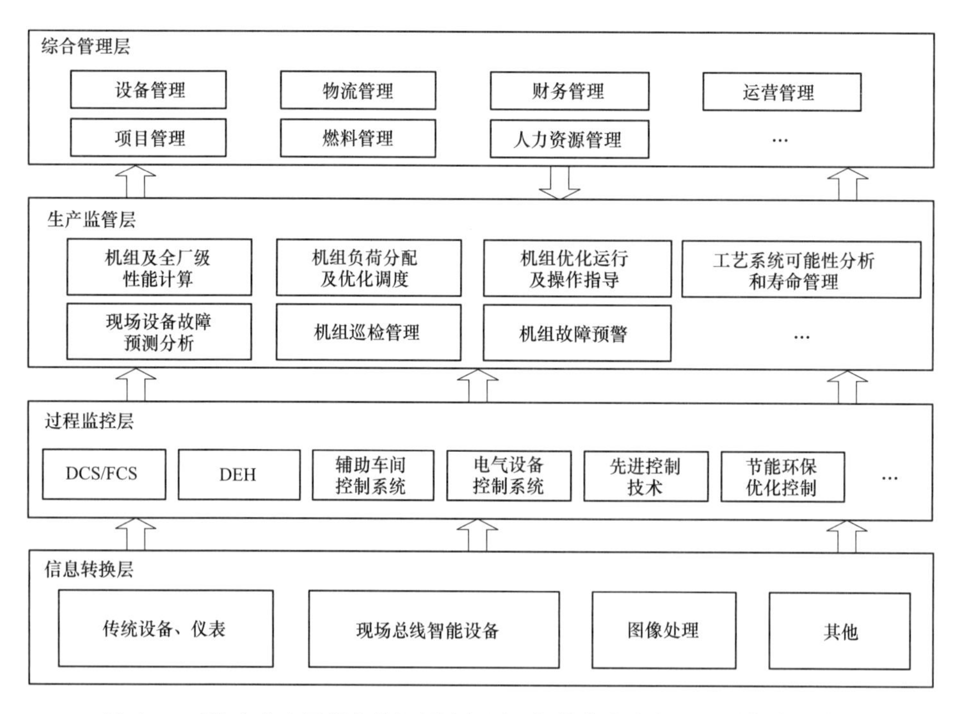

图 A-3　《数字化电厂概念的解析及探讨》智能化火力发电厂系统功能结构

A. 1. 1. 3　国家电投集团华志刚正高级工程师团队

国家电投集团华志刚教授级高级工程师在《火电智慧电厂技术路线探讨与研究》论文中，提出将火电智慧电厂技术体系划分为智慧数据、智能安全、智能生产、智能经营、智慧综合等5大技术平台，如图A-4所示。智能设备层的作用是实现对生产过程状态的测量、数据上传，以及从控制信号到控制操作的转换。

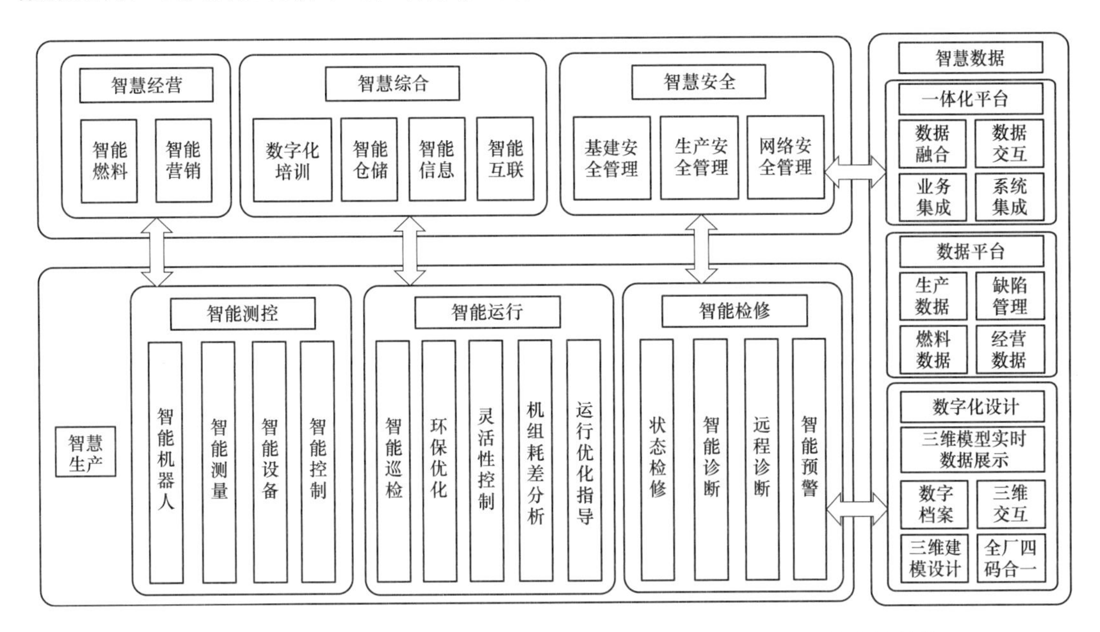

图A-4　《火电智慧电厂技术路线探讨与研究》智能化火电厂系统功能结构

A.1.1.4　国网浙江省电力有限公司电力科学研究院尹峰正高级工程师团队

国网浙江省电力有限公司电力科学研究院尹峰等，将智能火力发电厂纵向自下向上划分为智能传感执行层、智能控制运维层、智能生产监管层和智能管理决策层4层体系架构，采用平行控制理论方法，分别处理设备级、机组级、厂区级与运营级的控制与管理业务如图A-5所示。横向覆盖智能运行控制系统和智能服务管理系统两大业务区域，数据汇聚于数据中台，经清洗、异构、融合形成通用型运营大数据为各类数据应用服务提供支撑。外部系统及云端的数据则与数据中台进行交互，数据与信息安全可采用安全隔离或区块链等可信加密方式实施保障。

A.1.2　发电企业智能化体系架构

2016年以来，各发电集团都选择一些火电厂，在传统电厂自动化和信息化的基础上，通过物联网技术、大数据技术、人工智能技术、虚拟现实等技术进行了电厂智能化建设探索，如本次调研的厂家（按调研人员掌握的建设时间编序）。

A.1.2.1　京能高安屯热电厂

京能高安屯热电厂起步较早，建设总体思路是围绕基建期数字化电厂建设和生产期智

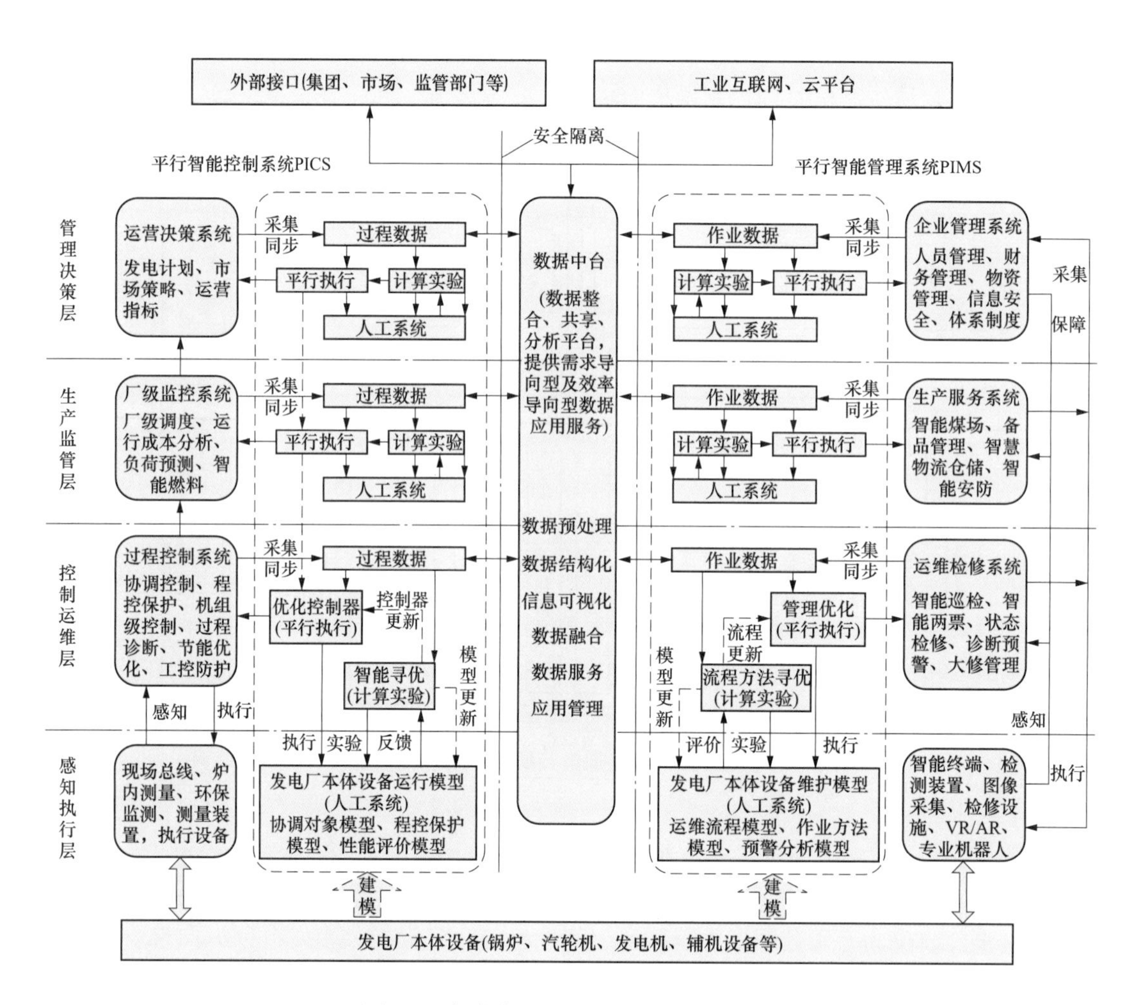

图 A-5 智能化火力发电厂系统功能结构

能化电厂建设逐步探索开展，实现物联网、移动应用、视频分析、大数据、机器学习和人工智能等技术在发电行业的应用，替代部分人工判断、分析、管理和决策职能，克服人为不安全因素影响。努力建立少人值守，无人干预的发电运行模式和实时、可视化、自动响应的安全管理模式；实现机组性能实时优化、状态检修，建设智能营销体系。京能高安屯智能化电厂整体架构如图 A-6 所示。

A. 1. 2. 2 国能国华（北京）燃气热电有限公司

国能国华（北京）燃气热电有限公司是国家能源集团“智能电站”示范项目，从顶层设计到工程建设均遵循“数字化建设、信息化管理、智能化运营”理念，以建设“低碳环保、技术领先、世界一流的数字化电站”和“一键启停、无人值守、全员值班的信息化电站”为目标，建成国内智能化程度最高、用人最少的绿色生态电站，如图 A-7 所示。实现

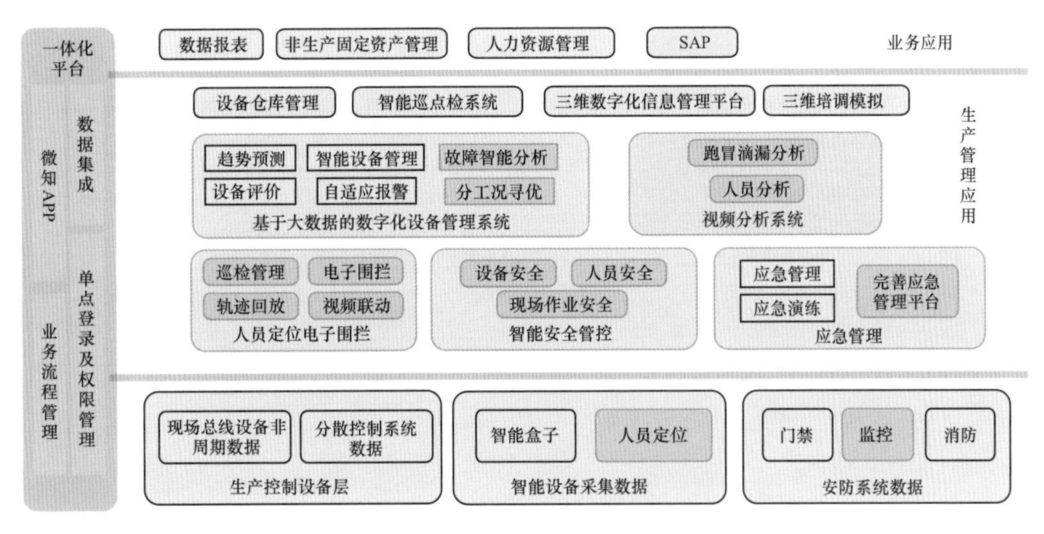

图 A-6　京能高安屯智能化电厂整体架构

了“一部一室三中心”的管理模式变革，全厂定员 30 人，运营管理二拖一 9F 级燃气蒸汽联合循环机组（950.98MW）。

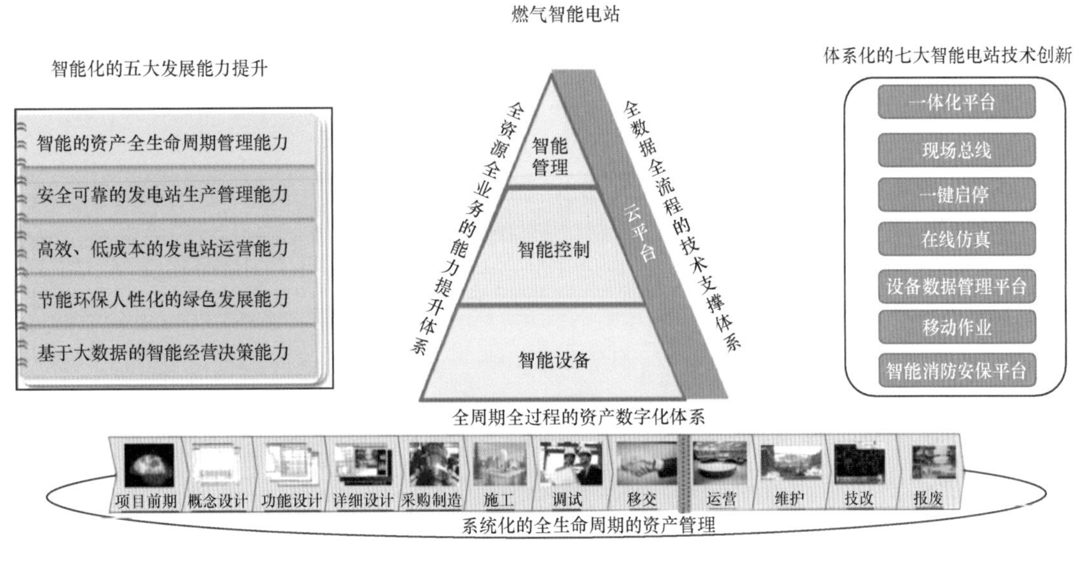

图 A-7　国能北京燃气热电智能电站体系架构

A. 1. 2. 3　国电东胜热电厂和国能宿迁发电厂

国电东胜热电厂和国能宿迁厂在智能发电建设中，将原来的 DCS（分散控制系统）-SIS（厂级信息监控系统）-MIS（信息管理系统）的三层体系架构，改变为由智能发电运行控制平台和公共服务支撑系统组成的二层体系架构，将 SIS 的部分功能下移以及上移至 DCS 侧以及 MIS 侧，如图 A-8 所示。

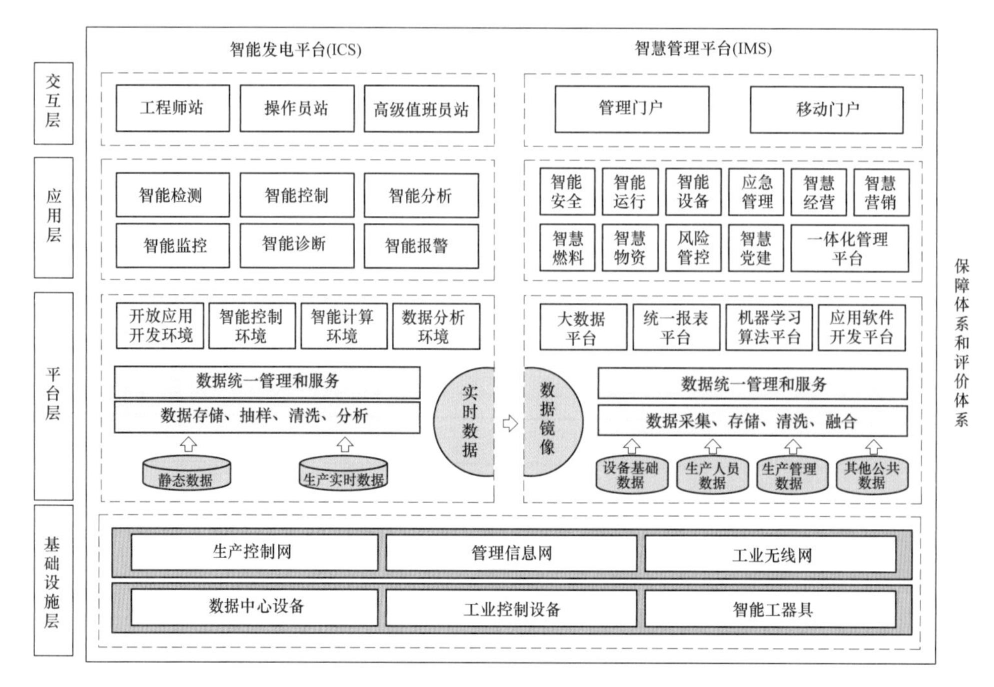

图 A-8　国电东胜热电厂和国能宿迁发电厂智能电厂体系架构

A. 1. 2. 4　中电（普安）发电有限责任公司（简称“中电普安发电厂”）

中电普安发电厂数字化电厂实施方案按照电厂全生命周期管理设计，应用“三维建模”“现场总线”“云计算”“物联网”“大数据分析”“移动技术”等 6 类关键技术，充分体现 6 大数字化基本特征，建设能够实现深入体现价值驱动创新的 10 大重点功能，落实为数字化工程、数字化控制、数字化管理、数字化决策、ICT 基础设施等 5 类 30 项具体建设内容，如图 A-9 所示。

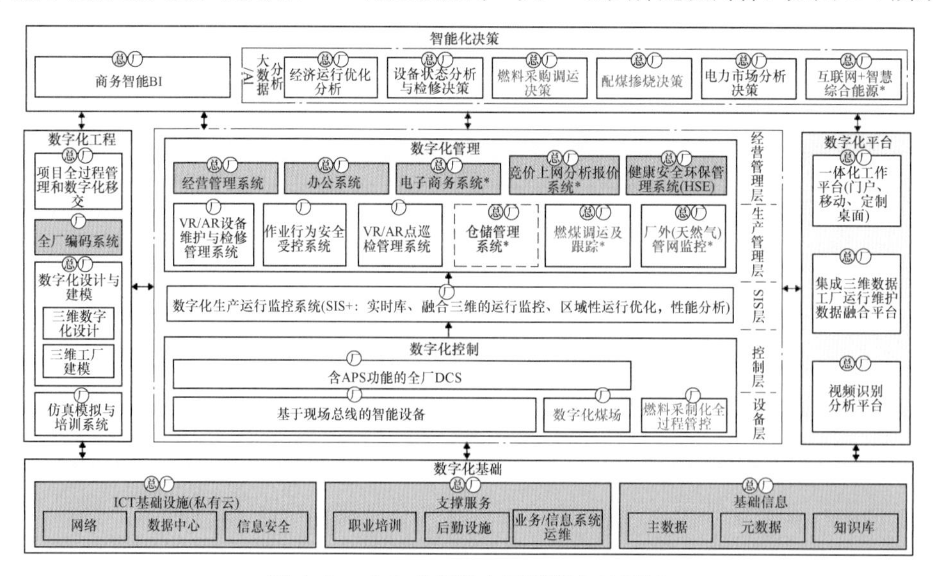

图 A-9　中电普安发电厂智能电站框架

A.1.2.5 华电莱州发电有限公司（简称“华电莱州发电厂”）

华电莱州发电厂致力于建设无人值守数字化电厂，二期工程通过集成各种先进智能优化控制模块。打造一体化智能化控制平台，提出智能电厂的体系架构应具有很强的扩展性、兼容性，每个层级能够智能识别将来可能会接入的其他系统，做到即插即用，如图A-10所示。

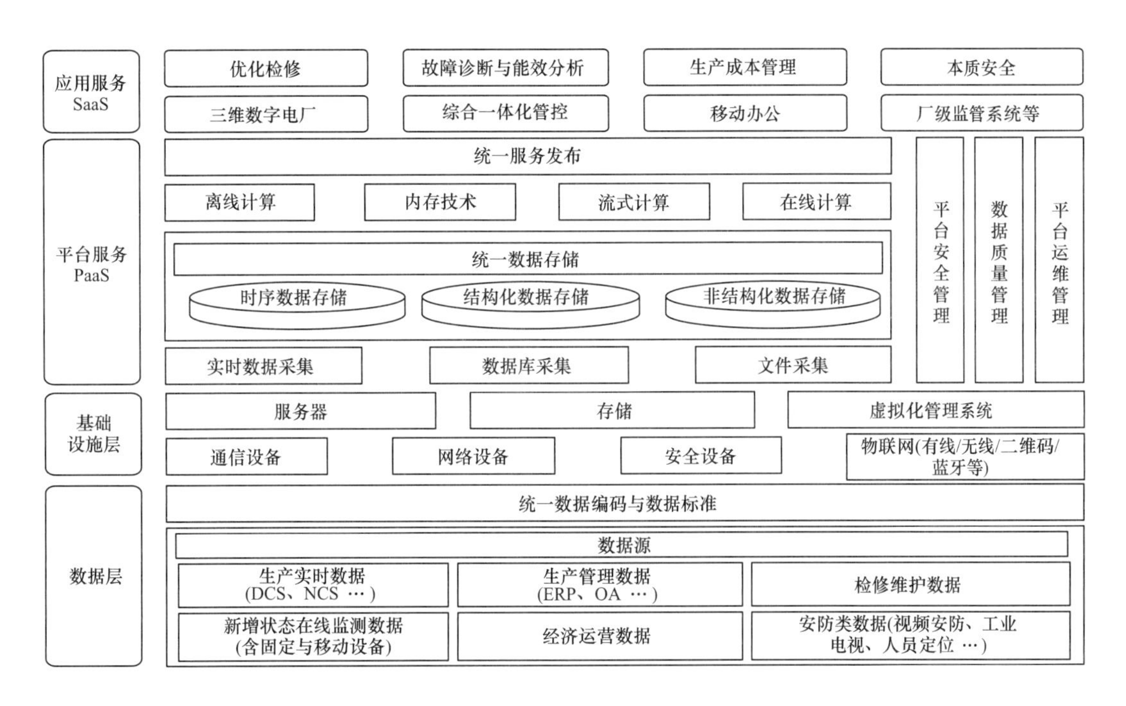

图A-10 华电莱州发电厂数字电厂统一数据平台整体架构

A.1.2.6 大唐南京发电厂

大唐南京发电厂智能发电规划框架如图A-11所示，现实施的1.0版本主要包括基于激光TDLAS技术的锅炉CT系统、通过CT获取炉膛参数分布指导燃烧优化、采用虚拟现实技术进行电厂三维建模、锅炉四管数据分析、远程故障诊断、基于物联网的安全管理系统等模块。在规划的2.0版本，主要有冷端优化、智能排放、新技术的应用及其他模块优化。

A.1.2.7 浙能台州第二发电厂

浙能台州第二发电厂以工业互联网为基础，以智能电厂“智慧大脑”建设为抓手，提出“赋能共享服务和云边闭环协同”的总体思路，打造智能电厂赋能服务及智能生产应用，并采用微服务、微应用开发容器框架，增强了业务模型的快捷开发、在线部署和移植复用。智能化电厂建设框图如图 A-12 所示。

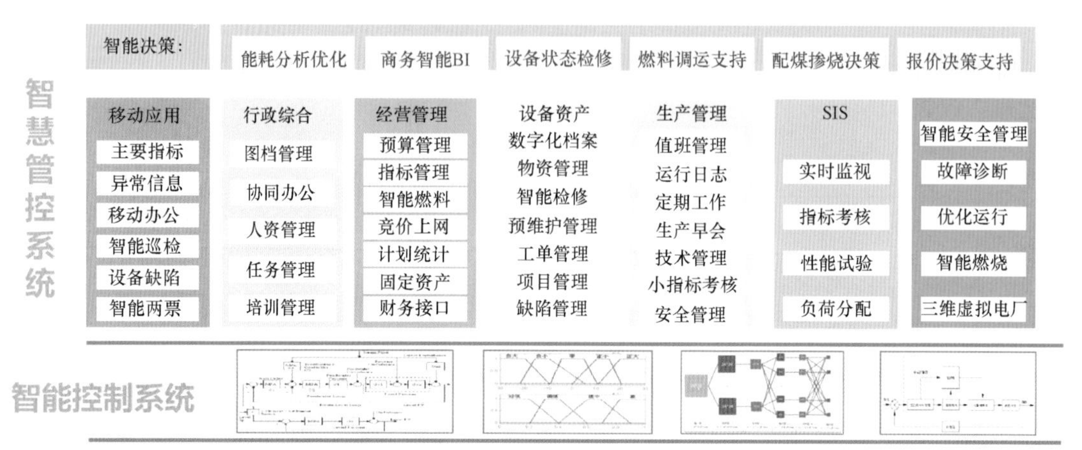

图 A-11　大唐南京发电厂智能电站框架

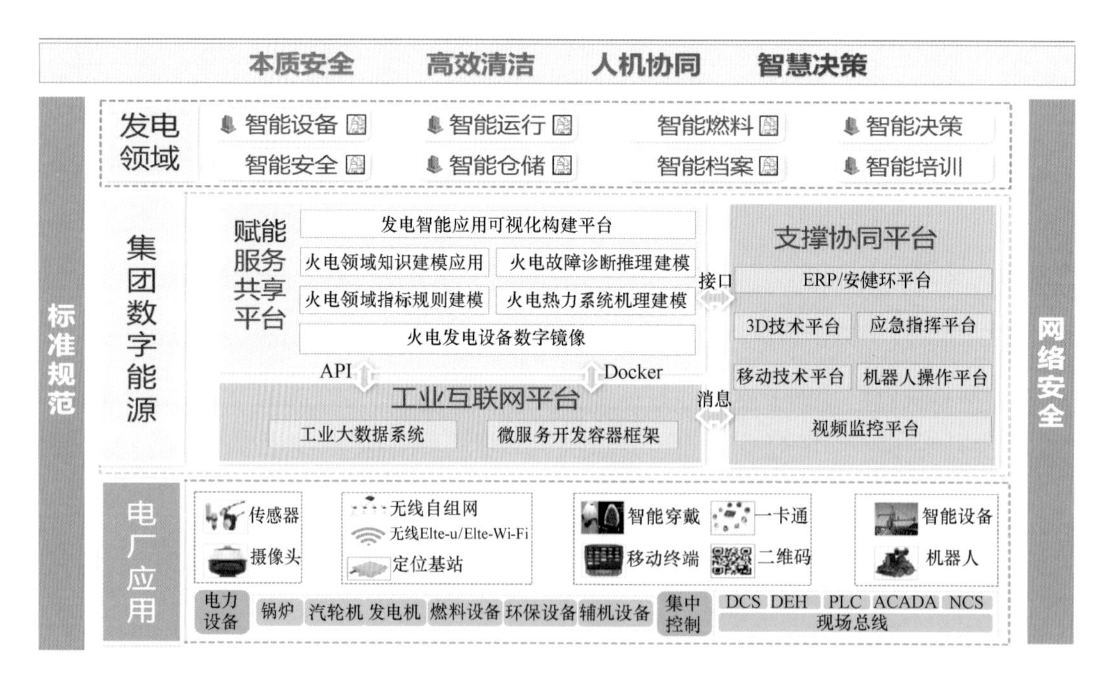

图 A-12　浙能台州第二发电厂智能化电厂建设框图

A. 1. 2. 8　国能太仓发电有限公司（简称“国能太仓发电厂”）

国能太仓发电有限公司 2020 年提出“全面创建新时代智慧发电企业”，其总体架构设计为三层架构，基础设施层是“一网两中心”（工业互联网＋计算与存储中心、平台层为“一掌三平台”（钉钉移动办公平台＋业务管控平台＋数据平台＋三维虚拟电厂平台）和应用层为“三大能力中心、六大应用中心”（流程中心、报表中心、绩效中心＋运行监控中心、设备诊断中心、燃料监管中心、风险应急中心、成本利润中心、安防监视中心。具体架构如图 A-13 所示。

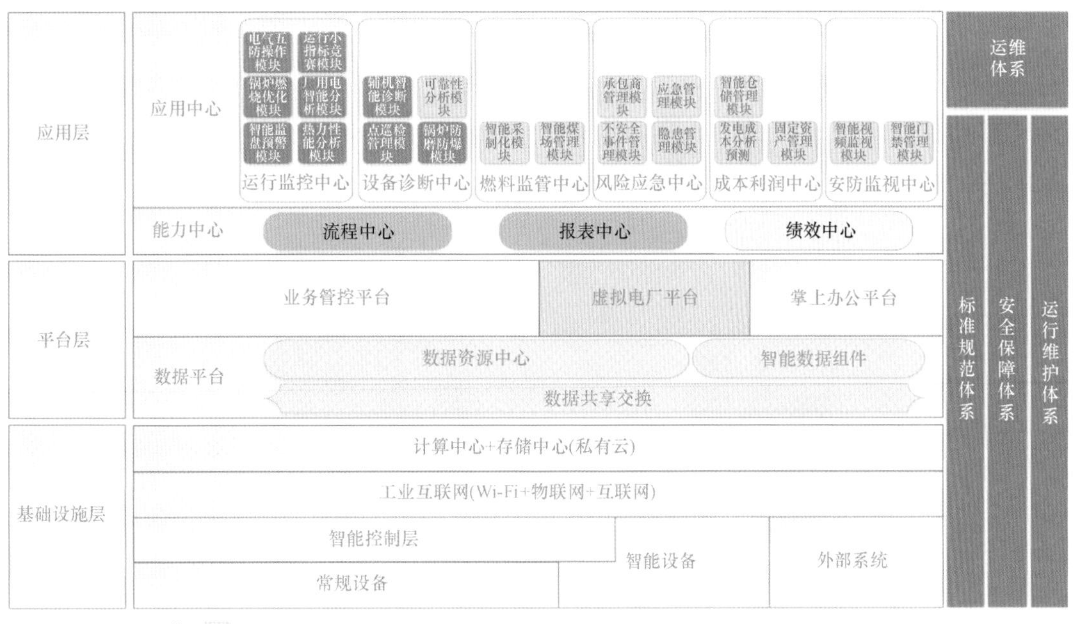

图 A-13　国能太仓发电厂智慧电厂总体架构

A. 1. 2. 9　中电投新疆能源化工集团五彩湾发电有限公司（简称“中电投新疆五彩湾发电厂”）

中电投新疆五彩湾发电厂的智慧电厂建设，在“一中心两平台三网络”基础框架之上广泛应用人工智能、大数据、物联网、移动互联等技术，实施建设大数据中心、智能控制平台和智能管理平台以及构建工业控制网、智能管理网、全厂无线网，部署“智能生产”“智能检修”“智能安全”“智能管理”“移动应用”以及“三维数字化”六大应用板块，如图 A-14 所示。

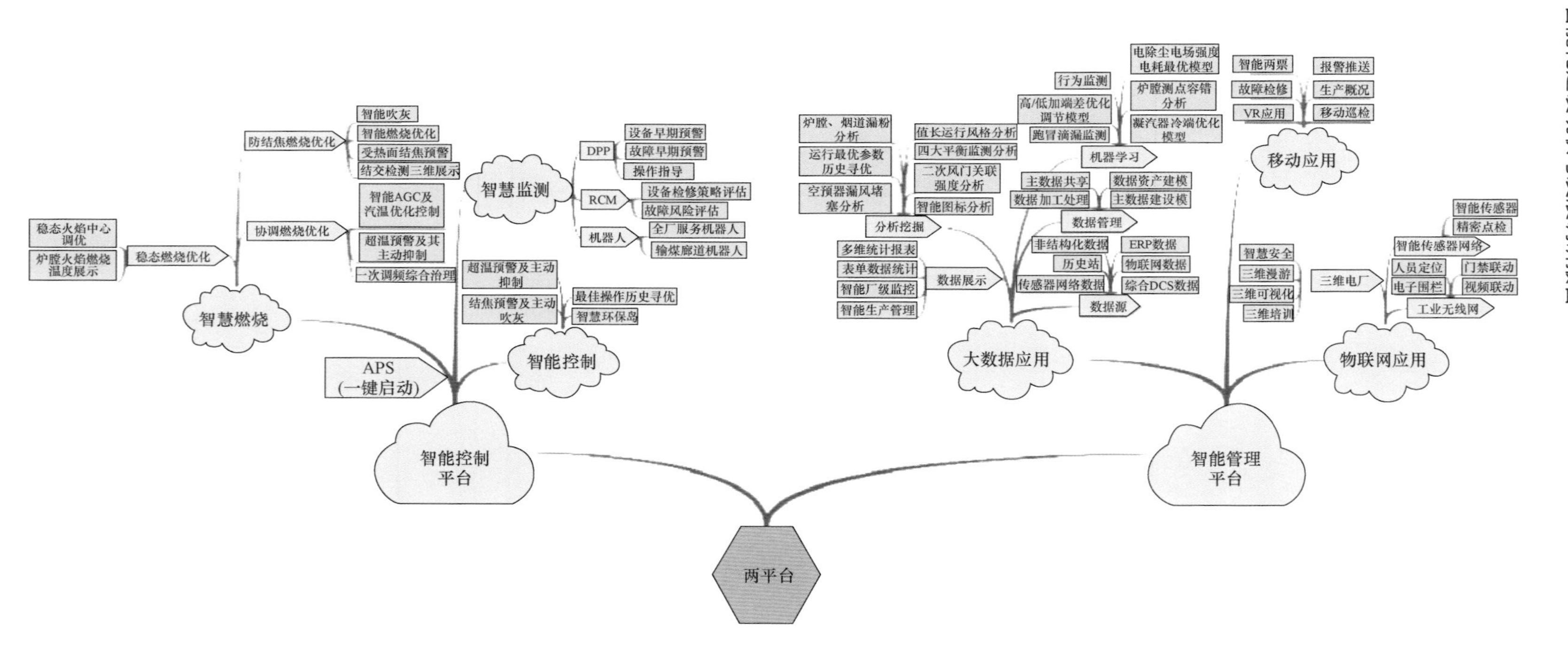

图 A-14　中电投新疆五彩湾发电厂智能化电厂框架

A.2 基础设施与智能化设备应用

A.2.1 智能管控平台

智能管控平台通过成熟的工业互联网架构体系，使整个系统平台具有工业 PaaS 的支撑体系，同时也具有工业 SaaS 层的在线开发、在线部署能力，从而支持工厂生产的各类智能应用的开发和使用。

通过建设智能管控平台，统一接口，规范数据，形成全厂数据共享中心，为智能应用提供统一便捷的数据支持；结合物联网与智能传感技术，集成融合各业务系统的数据和信息，形成一体化应用平台。

2016 年以来，各发电集团都选择一些火电厂，在传统电厂自动化和信息化的基础上，通过物联网技术、大数据技术、人工智能技术、虚拟现实等技术进行了电厂智能化建设探索。例如，国电东胜热电厂和国能宿迁发电厂在智能发电建设中，将原来的 DCS-SIS-MIS 的三层体系架构，改变为由智能发电运行控制平台和公共服务支撑系统组成的二层体系架构，将 SIS 的部分功能下移以及上移至 DCS 侧以及 MIS 侧。

大唐泰州热电有限责任公司（简称“大唐泰州热电厂”）将智能电厂分为四个层次：直接控制层（建立在 DCS/PLC/FCS 等控制系统基础上，用于电厂生产过程的控制和调节，该层也是生产设备层）、管控一体层（构建在全厂生产实时信息系统上，为电厂生产过程如机组负荷分配、机组性能诊断与分析、设备维护等提供决策依据）、生产管理层（构架在生产管理系统和基建管理系统上，对电厂工程建设和生产运营要素进行全面的管理）、经营决策层［构架在全厂管理信息系统（MIS）上，主要为电厂高层提供经营信息和决策依据］，三个支持系统（数据库支持系统、三维模型支持系统、计算机网络支持系统）。

通过智能管控平台的建设，在全面、认真分析和研究电厂的物理对象（设备、设施、元器件等）和工作对象（人、流程等）的基础上，从电厂建设和运行的整个生命周期出发，通过整合规划电厂现有生产管理信息化软件、硬件、数据等资源，搭建智能管控平台业务支撑平台。实现生产数据统一管理集中及分发，在实现数据完整性的基础上进行整理及挖掘，分析提取数据集合下隐藏的事物本质，通过直观展现，为电厂的生产决策、日常事务管理等提供数据支撑，为生产、管理、经营等业务提升提供智能化手段，实现电厂经济效益的最大化。

A.2.1.1 智能管控平台应用情况

调研的电厂中开展智能管控平台建设的电厂有国电东胜热电厂、国能宿迁发电厂，开展相关建设的电厂有大唐泰州热电厂、华电莱州发电有限公司（简称“华电莱州发电厂”）和华润电力湖北发电有限公司、中电投新疆五彩湾发电厂、浙能台州第二发电厂、国能太仓发电厂。具体建设内容见表 A-1。

表 A-1　　智能发电运行控制系统建设情况

序号	调研电厂	实施方案
1	大唐泰州热电厂	基于大数据分析的运行优化系统
2	国能宿迁发电厂	ICS
3	国电东胜热电厂	ICS
4	华电莱州发电厂	一体化智能优化控制平台
5	华润湖北发电厂	润优益智能寻优指导系统
6	浙能台州第二发电厂	赋能服务平台
7	国能太仓发电厂	业务管控平台

国电东胜热电厂在生产控制层面建设智能发电平台（ICS），该平台集成智能传感与执行、智能控制与优化、智能管理与决策等技术，逐步形成一种具备自学习、自适应、自趋优、自恢复、自组织的智能发电运行控制模式，实现更加安全、高效、清洁、低碳、灵活的生产目标。主要实现了以下功能：

（1）在常规 DCS 硬件平台上，设计与布置高级应用控制器、高级应用服务器、工业大数据分析平台等组件，为智能发电提供高效、稳定的运行平台；

（2）在智能发电平台上利用各类先进检测技术，实现对电力生产过程的全方位监测；

（3）在智能发电平台上部署各类智能应用主要包括：智能监测诊断功能、利用神经网络学习和专家知识库实现机组深度监测；

（4）智能运行功能，通过大数据分析技术提升机组高效运行水平；

（5）智能优化控制功能，实现机组高精度控制；

（6）高效自动化操作功能，实现实现 60%以上的操作由机器自动执行；

（7）在信息安全隔离基础上，智能发电平台上部署入侵检测、安全审计、恶意代码防范、主机及网络设备加固等系统，提升网络安全防护能力，保障工控系统的安全稳定运行。

国能宿迁发电厂搭建生产实时数据统一处理平台，灵活运用各种数据分析技术和先进控制技术，建立四大功能群组（“智能顺控系统”“智能诊断预警系统”“智能运行优化系统”和“智能安全管控系统”），有效提升运行和控制环节的智能化水平，深入挖掘实际生产数据中蕴含的特征、信息和规律，使数据充分发挥价值。其中，智能顺控系统包括：机组自启停 APS 功能、典型操作自动执行、典型故障处理；诊断预警系统包括：智能报警系统、转机诊断系统、智能监测功能、高温受热面监测；智能运行优化系统包括：ICS 系统的能效实时计算、智能运行寻优、智能最优控制、智能运行报表；智能安全管控系统具备网络管控、设备加固、安全审计等功能，有效提高 ICS 控制系统的稳定性，杜绝因病毒、非法入侵、第三方系统故障等原因对系统的影响，降低因控制系统问题导致的停机、降负荷等事故的发生。

华电莱州发电厂致力于建设无人值守智能化电厂，一期工程采用大量智能执行机构、智能仪表并配合自动化运行调节系统，推行运行巡检二维码，实现了巡检在线签到；自主开发“运行零点自动报表”程序，实现了夜间自主报表；运行全部实现远程抄表，每台机组仅需两人值守。二期工程通过集成各种先进智能优化控制模块，打造一体化智能优化控制平台。通过与 DCS 的双向通信，实现各模块间的数据共享和动作协同，从而实现控制层级的综合智能优化。

华润湖北发电厂建立润优益智能寻优指导系统，通过对机组各个系统运行工况的综合分析与计算，评估系统运行参数的最佳值，指导运行人员，进行优化调整，使系统运行参数逼近最佳值，降低机组的能耗指标与排放指标。基于 DCS 平台，完成润优益智能寻优指导功能的嵌入式模块编译开发，成功实现与 DCS 平台的深度集成。同时，深入开展模糊算法等先进人工智能理论应用研究，实现不同运行工况最优标杆值的平稳切换与智能推荐，提升控制品质，并通过 DCS 或值班员进行控制，实现全工况范围的运行操作闭环调整。

大唐泰州热电厂基于大数据分析的运行优化系统包括：燃气轮机数学模型建立、机组离在线性能试验系统、联合循环性能监测系统、联合循环损耗分析系统、压气机水洗优化系统、进气过滤器更换优化系统汽轮机冷端优化系统和当量运行时间监测系统以及天然气和负荷预测等系统。

浙能台州第二发电厂智能化电厂以工业互联网为基础，以智能化电厂“智慧大脑”建设为抓手，提出了“赋能共享服务和云边闭环协同”的总体思路，打造智能化电厂赋能服务及智能生产应用，通过发电生产知识库构建、状态性能监测、故障预警诊断、云边协同管控等技术研究，将生产业务逻辑、数据分析、建模测试和业务应用进行分层解耦，采用微服务、微应用开发容器框架，增强了业务模型的快捷开发、在线部署和移植复用。同时该系统综合“智能决策、智能设备、智能运行、智能燃料、智能安全、智能仓储、智能档案、智能培训”八大生产业务，ERP、推进人工智能在发电厂生产、经营和管理等全方位应用。

国能太仓发电厂业务管控平台，实现了用户及权限的统一管理，制定了消息接口标准便于各应用系统的集成，并可通过个性化定义提高用户体验。平台基于实时分析、科学决策、精准执行的闭环赋能体系，打通电厂各类应用的数字鸿沟，支撑企业持续改进和创新。平台已完成生产实时系统、智能监视预警系统、热力性能优化分析系统、锅炉燃烧优化分析系统、电气五防监控系统、点巡检管理系统、锅炉防磨防爆管理系统、设备智能评估系统、安防视频系统、门禁管理系统等业务系统的集成。

A. 2. 1. 2 应用中存在的问题

智能管控平台的建设需要做好网络安全工作，智能管控平台应充分考虑对第三方算法的保护，目前智能管控平台处在发展期，相关智能应用生态还不完善。

A. 2. 2 现场总线设备

现场总线（field bus）主要解决工业现场的智能化仪器仪表、控制器、执行机构等现场设备间的数字通信以及这些现场控制设备和高级控制系统之间的信息传递问题。现场总线技术应用有利消灭火电厂“信息孤岛”，可为智能化电厂建设奠定数据传输基础，但需要通过开发具有标准化的可普遍适用的终端分析软件，对通过现场总线获得的大量数据进行信息的深入挖掘，应用于对设备可靠性预测、故障诊断、控制优化等，才能体现其价值。

不少电厂将现场总线的应用，作为电厂智能化建设的一个标志性特征。因此 2010 年后建设的电厂（或进行智能化改造的电厂）普遍采用了现场总线，且覆盖率不断提升，有的电厂高达 80%以上（除保护连锁和重要控制设备外）。从基建角度上减少了线材和桥架投入（增加了设备费用）。但在运行阶段未能体现其价值，相当部分现场总线仪表仅当作常规仪表使用，而通过现场总线收集的新增数据，大多数也未能参与到设备可靠性预测、故障诊断或传统的控制逻辑优化中。整体而言，现场总线设备的应用，到目前为止所起的作用仅为数据采集与执行。在没有智能化决策应用的情况下无实际功能，电厂的运行管理模式与此前并无变化。

Profibus 适用于高速的信息传递，数据传递安全系数高，对于大范围的复杂通信场合有更强的处理能力。对于不同的应用对象，Profibus 可以选取不同规格的总线系统，不需要增添转换装置。由于其是全数字调速装置，具有保护机制（各个从站都具备独立的控制定时器，在一定监测时间内，假如数据传输有偏差定时器则会超时。超时现象发生后，用户会立即得到信息，加强了系统整体的可靠性），且操作十分简单，应用于各种场合，具备经济性及灵活性。

A. 2. 2. 1 现场总线设备应用情况

现场总线控制系统按照公开、规范的通信协议，把工业现场的智能化仪器仪表、执行机构、控制器等连接成网络系统，实现全数字、双向、多站的数据传输和信息交换，构成自动化领域中底层的数据通信网络，目前国内在用的主流是Profibus与FF两种现场总线，调研的18家电厂都有应用，其中覆盖率大于60%的有5家，应用范围涵盖汽轮机、锅炉、电气、脱硫、燃料、化水等非保护与控制回路，单台机组多的达1800余台，主要用于在线监测。

A. 2. 2. 2 应用中存在的问题

（1）现场总线设备价格、施工规范要求及对运行维护的技术要求相对较高。虽然减少了常规电缆的费用，但因总线网络、总线仪器仪表的价格较高，导致整体造价并未明显降低；现场总线系统的测量与控制易受各种外界环境因素的干扰，施工规范要求相对较高；现场总线设备组态参数多，不容易掌握，需要有一支较强的技术队伍来运维。

（2）多数技术人员对现场总线了解不够深入，导致施工过程中出现的问题较多。建设方、设计院、DCS厂家以及设备厂家在设计阶段，对现场总线建设的经验不足，对概念和技术认知度不够，造成工程施工中出现各种困难。

（3）现场总线故障点较难排查。由于总线通信网络的中间环节较多，发生通信故障时需逐一排查，效率不高，且通信故障往往具有突发性，不易捕捉。需建立现场总线通信在线诊断检测系统，以便能够在保证不影响现场设备运行的前提下快速分析现场故障点，给检修维护工作提供及时有效的帮助指导，提升检修消缺工作效率。

（4）现场总线执行机构中，国产品牌的通信板件质量、进口品牌与DCS的通信匹配及稳定性有待提高。

（5）对现场总线设备的应用深度不够。多数电厂现场总线设备只是当作传统设备，因缺少分析终端软件/分析系统，未能对现场设备运行状况及数据进行分析和使用。

（6）现场总线设备在兼容性、扩展性、稳定性和非周期数据应用方面还不尽如人意，需提升在联网后自动识别（即插即用）、备用容量和网络连接自由度、提供实用的非周期性数据的及时性。

A. 2. 3 无线网络系统

A. 2. 3. 1 无线网络应用情况

无线网络具有简单、方便、快速的特点，可以极大地提高网络系统的全面性、智能化、可扩展性，实现智能移动设备的接入管理，满足企业今后众多业务系统对无线接入的需求，为推动发电企业的管理向更智能、高效、高性能方向发展提供有力的技术保障。

无线网络作为有线网络架构的补充和拓展，实现无缝对接，能够达到与有线网络同样的体验。与此同时，构建一个安全、稳定、高效的无线网络，需要提供合理的准入控制、安全认证、权限控制等安全保证手段。在调研的 18 家电厂中开展无线网络建设工作范围较广的电厂见表 A-2。

表 A-2　　无线网络建设情况

序号	电厂	实施方案
1	京能高安电热电厂	采用集中转发模式搭建 Wi-Fi 无线覆盖网络。AC 统一部署在公司信息机房，AP 部署于各个覆盖场景，厂区内部采用集中转发。覆盖范围包括汽机房、燃机房、锅炉房、循环水泵房、机力通风塔、化学水车间、厂前区建筑物内
2	国能北京燃气热电	实现无线网络全覆盖，共建设 118 个 Wi-Fi 点。开展了移动作业系统、点巡检系统、现场环境温湿度监测系统、机器人智能巡检系统等工作
3	国能宿迁发电厂	采用以太网无源光网络 EPON 光纤接入网技术，通过光分路等无源设备，采用点到多点结构、无源光纤传输，在以太网之上提供多种业务，同时采用 1.8GHz 专网频率的无线通信网，借助 eLTE 专网具备较强的集群能力、视频能力、语音能力、数据能力、短消息能力等，为电厂管控系统智能应用提供了安全、可靠、稳定的数据传输通道

A.2.3.2　应用中存在的问题

部分区域无线覆盖信号较差，尤其穿墙后 Wi-Fi 信号强度下降明显。因此，应在第一次部署之后，对全部无线网络覆盖区域进行一次型号强度测量，将需要被无线网络覆盖区域划分成若干个面积相等的网格，在每个网格中测量信号强度并绘制信号强度分布图，根据分布图情况，制定 AP 补充方案，对信号弱的区域补充 AP。

双绞线较长时，POE 供电稳定性下降，导致部分 AP 掉线。针对不稳定的 AP，采用单独的 POE 供电模块供电，将超五类双绞线更换为六类网线。

A.2.4 无线智能传感设备

A.2.4.1 无线智能传感器应用情况

发电厂通过利用智能终端技术实现生产设备参数及重点监控对象数据的实时采集、监控、预警、报警等管理功能。无线智能传感器能够实现设备及检测对象的性能分析和状态诊断、生产设备的实时安全监控，根据大数据平台海量数据分析结果，结合数字化电厂及智能两票等功能实现智能化运维。调研的18电厂有3家初步应用了智能传感器。为重要辅机、开关柜收集设备加速度、振动以及温度等分析数据，结合设备精密诊断、定向诊断，完成故障实际判断工作。

（1）京能高安屯热电厂无线智能传感器的应用范围，包括转动机械的振动与轴承温度、环境湿度、环境噪声、支吊架位移和锅炉膨胀量的测量。

（2）国能宿迁发电厂采用绿色冷光源作为发射光源，对烟道内烟尘浊度进行测量。采用远红外温度传感器，通过被动地检测锅炉内热二氧化碳气体辐射出的热能值，进行炉膛温度的测量。采用ICP加速度传感器，针对转动设备的易损部位，通过独家的冲击解调技术进行设备的关键部件（滚动轴承，齿轮箱内的轴承、齿轮等）的诊断，探测部件的早期故障，为设备故障监测和全寿命周期管理提供基础数据。

A.2.4.2 应用中存在的问题

无线智能传感器建设实施的难点在现场传感器的安装及AP点的布置，由于无线智能传感器采用物联网通信方式实现现场组网，厂房内设备的复杂性对AP点的布置带来了较大的困难。

在布置过程中使用了前期三维数字化项目的实施成果，采用三维模型进行AP点的电缆敷设和布点预设工作，降低现场勘查时间，提高布点选点的准确性。

振动位移的准确获取，在工程领域以及有限元分析边界条件的确定中均具有重要的意义。但位移传感器对测试条件要求苛刻，很多情况下都无法实施；采用加速度传感器测试并两次积分得到位移信号的方法相对方便易行，但加速度积分时常出现趋势项干扰，导致积分出的位移曲线严重偏执。针对该问题使用一种基于频域积分的“低频衰减积分算法”，并利用多种算例对积分算法进行了验证与误差评价，研究了积分参数的选择对结果的影响。

由于许多无法避免的因素的影响，有时设备会出现各种故障，以致降低或失去其预定的功能，甚至造成严重的事故。因此保证设备的安全运行，消除事故，发展设备状态监测与预报技术的需求十分迫切。在通过智能盒子实现秒级监控并对非总线设备和监测点的报警推送，由大数据平台对报警信息进行多重过滤（有效过滤重复报警和无效报警）净化实时报警的设备数量和报警事件，实现运维人员集中精力处理真正的报警事件。同时对机械设备的历史运行状态进行趋势分析，预测设备的未来运行状态，由此来确定相应的预防性措施和对策，实现预知维修避免故障的发生，从而既减少维护时间，又降低故障率，才能使企业经济效益大幅上升。

A. 2. 5　智能软测量系统

A. 2. 5. 1　智能软测量系统应用情况

火电机组电力生产过程的准确控制和调节，皆以对过程状态的准确感知为基础，通常方法是利用相应检测设备针对性地实现待测参数的测量，从而直观展现机组运行状态，但存在以下不足：

（1）测量信息往往较为单一，一般是对某一点或某一截面进行信息收集；

（2）测量信息便利性不足，测量所得通常为温度等基础参数，无法直接得到反映机组运行状态的关键参数；

（3）检测设备性能衰退导致测量失准，测量装置的寿命作为固有特性，长期运行或恶劣工况将影响测量准确度。

软测量通过对系统运行机理分析，筛选反映机组运行状态的关键参数和重要指标，根据检测变量的作用关系建立软测量模型，利用先进算法，实现以检测数据为基础的重要状态变量和关键参数检测。在调研的 18 家电厂中开展智能软测量相关工作的有 3 家电厂，其中：国电东胜热电厂在炉内测量中通过智能算法进行炉内煤质的在线软测量；国能宿迁发电厂通过建立全厂生产实时数据中心和生产运行指挥调度中心，进行重要参数软测量技术研究，应用到煤质水分、锅炉排烟含氧量、入炉煤低位发热量、锅炉蓄热量、锅炉有效吸热量等重要参数的在线软测量，计算结果供运行人员进行机组监控参考分析，下一步应用于制粉系统预测控制、机炉协调预测控制等优化控制回路，与优化控制协同作用，以提升机组运行效率，达到降低排放、灵活调节、降低机组煤耗的目标。

A. 2. 5. 2　应用中存在的问题

火电过程软测量以状态检测数据为基础，采用智能算法，结合已知的、可检测的参数实现对重要状态变量和关键参数的检测。因此，检测的准确性和算法的先进性直接影响到软测量结果。

（1）初始测量不准和缺失：在实际生产中，由于工作环境恶劣和寿命衰退，或限于检测机理，检测设备往往出现测量不准的问题，如检测炉膛温度的热电偶或热流计、一次风管道煤粉测量等。而重要位置测量设备和手段的缺失，使数据受人为预估和判断的影响，直接影响软测量建模的准确性，如单独燃烧器二次风测量等。

(2) 智能算法开发：算法是实现参数软测量的核心，开发更先进的智能算法，有助于更多场景软测量技术的推广应用，并通过分析和研究软测量算法的可靠性和收敛性，更好地发挥其在运行、优化指导及控制系统中的作用。

A.2.6　三维可视化系统

三维技术应用涵盖电厂设计、基建、运行、检修、升级改造的全生命周期，结合三维技术在火电厂的应用场景，设计阶段可实现数字化三维虚拟电厂建模。

基建期可实现综合碰撞检查、三维设计优化、隐蔽工程三维模型（地下设施与三维管网建模）、锅炉模型、大宗材料统计、全厂四码合一（KKS编码、设备编码、物资编码和固定资产编码）等功能。

运行期可实现三维模型实时数据展示、三维数字化交互（厂区场景漫游及三维虚拟巡检、操作流程指导、动画教学）、可视化培训（工艺流程基础培训、流程原理培训、设备拆解培训、工况仿真培训、操作仿真培训、三维工艺作业指导、检修作业、专家系统和故障案例系统、机组运行培训）等功能。

检修期建设全厂数字化档案，涵盖从系统级到零部件级的所有信息，包括位置、参数、焊缝、测点等的查找及管理，为设备检修提供三维指导。建立二三维图纸联动功能，除可体验逻辑操作场景与实际物理场景信息互动的感受，还可将传统运行人员的操作界面在物理维度上延展，共享可视化设备现场信息。综合四码合一与数字化档案搭建备品备件管理系统，实现现场设备与仓储设备的动态连接，保证备品备件的充足供应，避免出现停工待料现象发生。

三维技术与人员定位、智能摄像头等技术联动实现更丰富的功能。比如与以UWB为代表的人员定位技术联动实现人员在三维虚拟电厂中的实时定位三维可视化界面，在此基础上实现区域人员统计、人员轨迹跟踪与轨迹复原、智能安防与区域拒止等智能管理功能。应用无线通信技术，与摄像头联动使用机器视觉识别技术实现三维电厂虚拟漫游巡检等功能。

A.2.6.1　三维可视化技术应用情况

在调研的18家电厂中实施三维技术相关建设工作的电厂有10家，超过调研电厂总数的50%。最直接的应用是建立厂区三维模型即数字化三维虚拟电厂，调研的8家电厂基本都实施了三维虚拟电厂的建设，各个电厂根据设备管理与生产业务实际需求出发，建设三维虚拟电厂的设计精度与覆盖广度都有所不同。

（1）数字化三维虚拟电厂。

三维技术在电厂中最直接的应用是建立厂区三维模型即数字化三维虚拟电厂，调研的8家电厂基本都实施了三维虚拟电厂的建设，这是很多其他三维技术应用的基础。各个电厂根据设备管理与生产业务实际需求出发，建设三维虚拟电厂的设计精度与覆盖广度都有所不同，以下两家电厂是新建电厂并在三维虚拟电厂建设过程均具有设计精度深、覆盖范围广的特点。

中电（普安）发电有限责任公司（简称“中电普安发电厂”）的三维虚拟电厂建设范围包括全部设备和围墙道路、地下管网、支吊架、桥架、沟道在内的全厂构建筑物，建设深度也比较深，建筑结构到开孔和配筋，机务专业包括主蒸汽管道焊缝、疏水排气管路和保温，仪控专业包括主要测点，电气专业到动力电缆和接地网，并实现了从基建期到运行期的数字化移交，设计参数直接在三维模型数据库中移交，目前实现这一功能的电厂比较少，建议后续实施相关建设的新厂可以参考实现这一功能。

国家电投集团河南电力有限公司沁阳发电分公司（简称“国电投沁阳发电厂”）建设的数字化三维虚拟电厂模型精度达到零部件级，覆盖范围涵盖设计院总图、土建、机务、化学、水工、热控、电气等十几个专业。模型体量大，创建约上百万个基本对象，包含设备10 140个，管线9211根，管线总长度约900 000m，支吊架22 147个，涉及45栋建筑物、7处构筑物及地下设施，642卷册11 818张图纸。比较有特色的是其克服了锅炉水冷壁管道螺旋布置、斜接管道、方向偏差要求为零、模型复杂且数据量大等建模难题，建立了三维精细化、可视化的锅炉数字模型，涵盖本体管道1474根，长度约为708 400m，涉及479卷册16 508份图纸建模，提高了锅炉设计精度，并可显著提高锅炉数据查询效率。

（2）综合碰撞检查及设计优化。

综合碰撞检查是三维技术十个应用方向中最具价值的应用点。据调研电厂反馈信息显示，电厂在基建期预先进行碰撞检查，可以提前发现并处理碰撞，节省大量的电缆费用。中电普安发电厂在设计阶段就应用了三维联合设计，实现了碰撞检查和路径规划功能，显著降低工程造价。电缆使用与预算偏差在5%，节省了数千万电缆费用。主体工程未发生碰撞情况，避免工期延误。现场设备检修场地和通道设计合理，有效助力生产运维。国电投沁阳发电厂实现了全过程、全专业三维信息综合碰撞检查，优化管道设计，提前发现问题并提供解决方案，提交设计人员进行修改。在基建期预先进行碰撞检查，发现并处理碰撞400余项。京能高安屯热电厂提前发现碰撞562处，避免大量施工变更，有效缩短施工工期，避免结算分歧。华电莱州发电厂通过数字化火电模型碰撞测试有效避免了管道、钢架、土建的系统布置冲突，累计发现并解决设计缺陷206处，大幅提升了设计的准确性。

三维设计优化可以实现检修空间距离优化、通道设计安全距离优化等各个方面。国电投沁阳发电厂三维项目实施后，已实现检修通道设计优化7项，检修平台优化9项，阀门操作空间设计优化13项。京能高安屯热电厂通过使用三维设计优化与电力敷设设计精确测算电缆、桥架等主材长度，有效节省基建投资。

（3）隐蔽工程三维数字化模型。

建立隐蔽工程的三维数字化精细化模型，可以指导隐蔽工程施工。国电投沁阳发电厂建立了隐蔽工程三维数字化精细化模型，包括地下管网、建构筑物桩基、承台、阀门井和雨水井等工程，并通过平台地下管网及负挖功能三维可视化展示隐蔽工程施工模型、管线和图纸、属性、厂家样本等关联信息，并自动计算和统计隐蔽工程的检修时土方量，指导隐蔽工程施工。

（4）三维数字化档案。

三维数字化档案也算是三维技术在电厂应用中的标配功能，在调研的电厂中建设三维数字化档案的电厂也比较多，但是不同的电厂实现的深度和广度有所差异。以往电厂只能接收设计院的二维图纸，无法保存和接收设计院的三维设计资料，应用三维技术，完整接收和保管设计院的三维设计资料，并将三维模型与主要设备属性及设备相关文档关联，全面涵盖工厂结构、属性、设备关联关系等各种业务结构化数据，以及记录、规范、工程图纸、程序、报告、电子邮件、设计和许可文档等非结构化数据，形成三维数字化档案。

大部分电厂也实现“四码联动”功能，即KKS编码、设备编码、物资编码、固定资产编码，可以连接现场设备和仓储设备，减少电站停工待料现象的发生，实现企业资产管理升级。在此基础上实现二三维图纸联动，当选择二维画面中某个设备时，三维监控画面会自动定位到相应温度、压力测点的实际位置，甚至还包括一些检修过的焊点等信息。

大唐泰州燃机热电有限公司三维数字化档案系统具有良好的扩展性，以满足系统的扩展应用需求。系统平台所管理的信息遵循ISO15926或其他国际标准的要求，使平台系统具有良好的开放性和沟通性。能够实现对多种信息来源格式信息（例如：DWG、DGN、Word、Excel、PDF、JPG、三维模型等）的兼容。

国能宿迁发电厂在机组投产运行后，在已有的全息数字三维模型上结合设计期的KKS编码、设备规格名称、物资编码等基础数据改进和联通电厂的生产运营管理系统，包括安全模块、运行模块、设备管理模块、设备技改管理模块、采购管理模块，直至公司层面的决策支持管理系统模块，为实现整个电厂运营管理的数字化提供及时有效的决策参考资料和依据，在电厂全寿命周期内对电厂进行全方位数字化管控的目的。在数字化档案方面，依据设备清单、焊口清册、阀门清册、电缆清册、仪表清册和备品备件清单等，按照补充完善后的 KKS 编码体系，建立设备树形结构作为设备台账主体。台账覆盖不同类型设备，通过三维模型，实现与实时数据、安装数据、设备信息等相关数据的关联。可查看设备参数、设备在基建期相关合同文件、设备设计说明书和施工图、焊点信息查询管理、查看设备备品配件、查看设备运维履历，与视频集成调看设备现场视频等功能。

（5）可视化培训。

通常设备信息局限为平面图纸，很难直观了解设备构造及核心部件。通过三维虚拟仿真技术，利用设备现有说明书和图纸资料构建具有多方位、多角度立体效果的三维立体场景，实现可视化培训，包括工艺流程基础培训、流程原理培训、设备拆解培训、工况仿真培训、操作仿真培训、三维工艺作业指导、检修作业、专家系统和故障案例系统、机组运行培训等，培训内容真实可见。

开展设备拆解培训相关工作的电厂比较多。按照规定步骤对设备进行拆解、安装，并显示零部件，反复实践主要设备的拆装操作，进而学习该设备的结构和原理。对设备进行模拟拆装，不仅可以加深对设备结构和原理的了解，而且能够熟知与掌握检修的拆装顺序、工器具的准备等，是专门为检修人员定制打造的三维可视化作业指导，过程直观生动。以此方式进行培训，无需对实际设备进行操作，也不必考虑培训成本。学员可根据自身知识掌握的熟练程度选择不同的操作模式，自主学习代替被动接受，可提高学习的积极性和效率。

京能高安屯热电厂采用自主研发的图形引擎，通过 OpenGL 实现三维显示，支持客户端/服务器、浏览器/服务器两种模式，使用客户端模式时可以实现更好的显示效果，使用浏览器模式更加便利。建设内容主要包括全厂三维场景自由漫游、设备拆装模拟（汽轮机、燃气轮机、给水泵等）、操作规程模拟（多人协作方式模拟线上演练）、事故演练教学、生产流程动画演示（天然气泄漏应急演练等）。

国能宿迁发电厂在三维可视化培训方面实现了流程原理培训、工况仿真培训、操作仿真培训、三维工艺作业指导书、检修作业三维演示、专家系统和故障案例演示、机组运行培训功能。

大唐南京发电厂及大唐泰州热电厂对主、辅设备进行了高精准的三维建模，从外形到内部结构，与设备高度吻合，并实现了对设备逐一进行解体、复装，模拟真实的设备大修过程。利用该功能，还对检修人员进行培训考核，比如汽轮机大修的拆卸步骤、注意事项等，系统自动打分，自动评判，自动找出错误步骤，并给出正确提示。通过这样的反复模拟拆、装，可以较迅速提高检修水平与质量。

可视化培训模块的应用业务场景虽然比较广，但目前面临的问题是可视化培训相关功能的运行对计算机要求比较高，所以在全员普及上可能会受到计算机硬件的限制，如果选择建设独立的机房来开展相关的业务培训，员工一般不会经常去使用这套培训系统，实际的效果将会比预期效果差一些。

（6）厂区场景漫游及三维虚拟巡检。

厂区场景漫游需将三维技术与摄像头联动实现，在厂区防护区域安装摄像头并将视频信息传给三维虚拟电厂。三维虚拟巡检的实现需要综合三维技术与人员定位技术实现，人员定位技术提供人员实时定位信息，系统将人员实时定位信息实时传到三维系统中，实现人员轨迹的实时跟踪与记录。

国能宿迁发电厂通过视频系统与三维系统联动实现远程三维漫游巡检，在虚拟三维电厂中标出摄像头的位置，点击摄像头就直接跳出监控界面，巡检人员在三维虚拟电厂中规划好巡检路线，在需要巡检并且安置了摄像头的地方直接点击摄像头实现远程漫游巡检功能。通过与运行及监控系统二维、三维联动，在二维画面选择某个设备时，三维监控画面会自动定位相应温度压力等测点的实际位置，甚至包括一些设备检修相关信息，有利于运行人员对故障的判断。此功能还可在锅炉炉膛热负荷分析、火焰燃烧分析、防磨防爆管理和防止锅炉的四管泄漏方面有很重要的拓展应用。二维平面监视与三维模型立体监视联合监视更便于分析设备运行状态，更形象直观。

大唐泰州热电厂实现巡检人员的实时监控以及过程可视化，在三维虚拟电厂中预先设定巡检路线，巡检过程中巡检人员借助手机 App 对设备进行二维码的扫码完成巡检数据的记录。当班值长可以在三维虚拟电厂中实时查看该人员的行走轨迹及巡检过程，也可以事后对历史巡检过程进行追溯。与定位系统联动实现人员实时厂区虚拟定位，可以查看巡检人员是否在规定的时间按照规定路线对设备进行巡检。

京能高安屯热电厂根据已有的数字化信息数据和图纸进行整合，通过三维渲染形成立体场景，新员工可通过第一人称在真实比例的场景中漫游，快速熟悉电厂环境和设备位置。选取相应设备，还可以查看基本参数、技术信息和实时数据，有助于对全厂设备进行全方位了解。也可通过数据浏览的方式，利用三维数字化信息灵活测量长度、角度，查看系统图和设备说明书，为生产资料查询提供快速便捷的途径。

（7）操作流程指导。

京能高安屯热电厂根据现场作业实际情况还原整个操作规程培训场景，以交互式的方式，用户通过联机的模式进入培训，可选择值长、主值、监护人、操作人四种角色，以不同的身份完成不同的操作。同时，当人数不够时可以选择加入系统 AI 机器人，协助自己完成操作，解决联机模式的局限性。操作任务步骤在场景右下角以对话框的形式进行显示，从中获知所处工作的地点、所需的工具以及任务提示。

国能宿迁发电厂使用三维技术实现生产作业指挥，在三维数字化模型、无线网络和定位、设备射频标示等技术应用的基础上，实现生产现场三维可视化的生产作业指挥应用，可直观看到目前有哪些工作，在现场什么位置正在开展。如正在开展的操作票、正在进行中的工作票、动火票，全厂缺陷单分布情况等。生产管理人员可以借助系统直接呼叫某个位置的工作人员，进行生产和安全工作指导。也可以直接修改某个区域的安全等级，禁止某项工作开展。现场工作人员可以借助系统将现场视频、音频、图片等资料发送给专业技术人员，寻求技术支持。在企业网络安全允许情况下，还可以通过互联网相关应用，寻求外部专业协作的技术支持。使用三维技术实现生产流程模拟，可以随时查询设备及生产运行数据，可进行设备操作、工业预览等动画演示，通过和生产管理信息系统、操作票管理信息系统等结合，在虚拟场景中实现设备基本信息查询、模拟五防操作等与电网安全生产相关内容，实现虚拟场景和现实场景的实时同步。

（8）其他功能。

国电投沁阳发电厂实现了全专业的火电厂大宗材料统计功能，基于三维数字电厂模型，自动完成保温材料、阀门、电缆等全专业大宗材料数量及材料性能等相关信息的数据统计，为企业招标和施工提供可靠依据。

中电普安发电厂建设基于三维数据的设备与检修管理平台，提供便捷的二三维信息联动查询功能，实现三维数据与设备信息、运行检修维护业务信息、预防性检测试验等离线手工录入数据、ERP集成数据等信息的融合。支持各类终端的移动App应用，大大方便生产人员的使用，提升管理效率。

大唐泰州热电厂的三维数字可视化立体设备模型可以实现构建工厂三维模型、系统集成、信息分类管理、快速查找、查询和检索、数据浏览、文档管理、智能视图、集中化管理体系、智能培训、人员定位等十项功能，实现企业各项基础管理工作的全面提升。

国能国华（北京）燃气热电厂基于三维数字化平台，实现电厂设计期、基建期、生产期工程文件、工程模型、工程数据的全面移交，建立起可视化的设备全生命期数据中心，利用重点监视画面、三维拆解、性能计算、故障预警等手段，强化了设备信息的集成共享和设备隐患的实时监控。为电厂运行人员和设备管理人员提供一个设备信息统计、分析、诊断的平台，集成了设备设计资料、设备台账、设备节能环保信息、设备维修运行信息、设备预警信息、设备物资成本信息、设备隐患、设备诊断分析等数据，实现对设备查询、交流、分析、知识经验共享，提高对设备管理的实时性、高效性、准确性。

中电投新疆五彩湾发电厂三维数字化电厂实现在三维场景中漫游、人员定位展示、摄像头的实时展示、围栏绘制以及设备的培训拆解等工作。利用高精定位技术、三维可视化技术、智能信息处理技术等手段，实现三维全厂漫游，并与厂区安全系统相结合，实现物联、联动，实时监测全厂安全生产状态。同时实现主要设备的解体、复装、模拟拆解，主要工艺流程动画仿真回放，提升三维检修培训质量。

A. 2. 6. 2　应用中存在的问题

目前虽然三维技术在电站领域有几十个应用方向，但是由于三维模型的运行对电脑配置要求仍然很高，普通的电脑运行会出现卡顿甚至死机的现象，而电厂配置的电脑一般达不到流畅运行三维模型的性能要求，所以在日常生产中并不能普及到每一位员工的个人电脑，一些应用方向只能在局部高性能电脑中运行，比如设备拆解培训、厂区场景漫游及三维虚拟巡检、动画教学等只部署于部分电脑中，这种情况下往往使用率低于预期，效果将大打折扣，部分功能停留在演示的层面。

可视化培训模块的应用业务场景虽然比较广，但目前面临的问题是可视化培训相关功能的运行对计算机要求比较高，所以在全员普及上可能会受到计算机硬件的限制，如果选择建设独立的机房来开展相关的业务培训，员工一般不会经常去使用这套培训系统，实际的效果将会比预期效果差一些。

三维技术的几十个应用方向，虽然可以成功地实现相应的功能，但是部分功能在降本增效方面的潜能仍有待进一步挖掘，比如可以实现三维平台与 SIS 系统通信获取系统中的数据，并将其展示到三维虚拟电厂中，但目前仅仅停留在展示的层面，部分调研电厂表示此类功能还不能在实际生产中实现有意义的价值，并且在三维模型中查看数据不如直接在 SIS 系统中查看更方便，所以进一步的价值需要业务专家根据生产需求挖掘。

考虑到电厂会定期进行升级改造，前期建立的三维模型也要进行相应的更新，而三维模型需要使用专用的工具由专业人员进行修改，电厂无法自行完成该工作，所以电厂在建设过程中应考虑三维模型持续更新维护问题。

综上，目前三维技术的应用有效价值有限，更多的价值停留在基建期间，部分存在重平台轻应用的问题，尚需业务专家在基于三维技术搭建的平台基础上根据业务需求进一步挖掘业务场景，挖掘更有意义的应用点，达到降本增效目的。

A. 2. 7　移动 App 开发应用

移动应用及现场 Wi-Fi 主要推动者是相关信息技术企业，早期应用满足了企业移动办公的需求，能够快速全面地将移动办公、辅助分析及消息提醒等功能延伸到管理人员和业务人员的手机中，看报表、批工单，为企业提供移动的实时的信息化服务，使员工现场作业方便、便捷、效率提高，领导管理高效。因此在电厂智能化建设中应用得到快速推进。随后就深入了电厂运营管理和实际巡点检过程，通过现场的二维码，ASSS 查找后台数据库中的检维修数据，录入巡检点记录（后期部分项目甚至可查询实时数据与历史曲线），也为现场巡点检工作带来了一定便利。此外还有智能五防锁等，通过与后台工单的确认开启相应锁具，增加安全性。

未来的建设一方面可以在信息安全方面允许的情况下，使用如企业微信等平台，借助专业信息化公司的技术和服务，将主要精力集中在系统开发和功能实现方面，更好地利用移动端便利快捷的优点实现我们所需的功能。通过移动应用建设，实现即时通信、生产日报查看各项应用移动端等功能，提高日常工作的便利，能够起到降本增效作用。

A.2.7.1 移动App开发应用情况

在调研的18家电厂中实施移动App相关建设工作的电厂有10家，超过调研电厂总数的50%，分别是大唐泰州热电厂、京能高安屯热电厂、国电东胜热电厂、华能营口热电有限责任公司（简称“华能营口热电厂”）、华电莱州发电厂、中电普安发电厂、江苏利电能源集团（简称“江苏利港发电厂”）、华润徐州发电厂（简称“华润徐州发电厂”）、华润湖北发电厂和中电投新疆五彩湾发电厂，见表A-3所示。

表A-3 移动App建设情况

序号	电厂	实施方案
1	京能高安屯热电厂	开发“微知”移动应用作为各类移动应用的载体，采用原生+H5方式实现多应用集成于同一个App中
2	大唐泰州热电厂	安全生产管理App
3	国电东胜热电厂	OA办公系统App、生产管理App、财务移动审批App、设备全寿命周期管理App
4	华电莱州发电厂	移动应用平台实现职工请假、用车申请、印刷申请、访客管理、物资出入等功能
5	中电普安发电厂	安健环App、输煤系统App（矿发、司机、验收、管理4个App）
6	华能营口热电厂	输煤系统App
7	江苏利港发电厂	ERP系统移动应用主要基于企业微信实现，部分复杂应用采用App的模式
8	华润徐州发电厂、华润湖北发电厂	机组智能检修App、工作票审批App、燃料全流程跟踪App
9	中电投新疆五彩湾发电厂	信息展示模块、巡检模块、消息报警提醒、移动操作票、移动缺陷等

大唐泰州热电厂开发了一套安全生产管理App，实现智慧管控在移动终端上的延伸使用。可通过手机App查看智能电厂各模块内容，可浏览、下载相应文件。通过简单的系统配置，可控制在哪个流程处理节点对哪些用户作推送操作，及时将任务推送至指定处理人。“我的事务”模块包含系统中涉及的所有业务流程，通过工作流信息及信息字段的配置，控制哪些流程可以在手机上审批，手机端便可审批查阅相应的流程和文件，并可以浏览或下载相关的附件。

中电普安发电厂通过安健环App应用，实现安健环管理工作实时化、移动化。针对业务人员开发部署矿发、司机、验收、管理4个App及其他管理应用App，实现全部业务移动化。

京能高安屯热电厂目前移动应用范围包括数据报表、生产日报、数字看生产指标、生产系统实时监控、值班记录、巡点检系统、非生产固定资产系统等，涉及了公司生产管理、物资管理、人力资源管理等多个方面。统一公司移动App入口，移动通信部分采用原生开发，其他应用均使用H5方式实现，实现不同功能的应用在同一个App中实现。充分利用移动端特点，实现便利的非生产固定资产盘点、移动巡点检等功能。

江苏利港发电厂为减少手机平台及操作系统对应用系统可能带来的不稳定因素，并考虑一定的安全性，ERP系统移动应用主要基于企业微信实现，部分复杂应用采用App的模式。智慧监控系统移动端主要实现日常安全工作提醒、巡检、随手拍等功能。具有移动审批、移动工单（故障报告、工单策划、工作许可、工单执行、工作票签发、安全措施执行和安全措施确认、工作票许可）、物料配送、固定资产管理、巡点检、基于手机平台的检验试验管理平台、基于二维码的设备技术管理功能。

华润徐州发电厂应用机组智能检修App，所有检修人员与管理人员均通过手机进行检修信息录入、业务流程审批。工作票移动App由工作台、工作票查询、即将到期工作票智能地图等模块组成。燃料全流程跟踪App以燃料全流程为主线，监控各环节重要指标。主要功能模块包括入厂管理、采制管理、化验管理、煤场管理、掺烧管理、运行管理等。

中电投新疆五彩湾发电厂移动应用分为手机端和pad端。功能模块包含：信息展示模块、巡检模块、消息报警提醒、移动操作票、移动缺陷等。其中pad端包含模块有移动巡检、移动缺陷、移动操作票、移动定期工作。手机端包含模块有信息展示、三维可视化、预警消息提醒、通讯录等功能，从而辅助发电企业管理层与工程人员随时随地了解电厂运行情况。

A.2.7.2　应用中存在的问题

调研中了解到大部分电厂对移动App的使用有强烈需求，而且厂方也反馈移动App的使用会提高工作效率，之所以没有在电厂中大量使用移动App，其原因大约有两个方面，一是集团出于网络安全方面的考虑对外网的限制，导致开发的移动 App 无法使用，这就是新技术应用与网络安全平衡的问题。内外网分离后，限制了移动办公与手机 App 应用等方面功能的使用，多家厂方希望在政策层面基于一定的宽松政策支持。另一个问题是信息化建设过程中数据信息化与集团要求的信息留痕有些场景相矛盾，网络化以后虽然对所有的数据都有记录，但是部分场景达不到集团要求的纸质信息留痕的要求。以上两点是限制移动 App 应用的主要问题。

IOS 版本软件升级时因应用商店审核问题，时效性较差，可以使用 IOS 的企业 App 方式。为了保证开发效率和兼容性，采用原生＋H5 方式实现移动应用，性能会相对差一些。

A.3 智能安全应用

A.3.1 智能安防系统

智能安防通过一系列的技术与管理手段实现人与设备的安全智能化管理，可分为基建期安全管理与生产期安全管理。基建期安全管理包括智能门禁、危险源管理、施工机械设备管理、电子围栏、车辆管理、人员管理（包括外包工管理）、人员定位、违章行为识别管理等方面，通过应用以上的安全管理技术，可全面提升基建工程安全管理水平。生产安全管理包括落实 25 项反事故措施和技术监督、智能两票、智能门禁、电子围栏、危险源管理、人员定位、人员管理（包括外包工管理）、车辆管理、违章行为识别管理等。智能安防的建设路线大体分成三个方向，分别是摄像头（机器视觉）、人员定位、多传感器联动，每一种建设路线又有多种实现方式和应用场景。

摄像头监控模式分成智能摄像头和普通摄像头。普通摄像头主要实现远程监控功能。智能摄像头通过开发的各个算法模块可以实现人员违章的检测（安全帽检测、安全带检测、工作人员玩手机检测等）、设备跑冒滴漏的检测及环境异常检测（明火检测、烟雾检测、有害气体检测等），通过人脸识别技术及人员捕捉技术实现电子围栏、外包工管理，通过车牌识别技术实现车辆管理。

目前电厂实现人员定位主要的技术路线有超宽带无线电（UWB）技术、门禁、人脸识别、多种方式融合定位（UWB 定位技术、人脸识别、门禁、智能锁几种方式的交叉融合方式）等几种方式。人员定位技术可实现电子围栏、危险源管理、人员管理（包括外包工管理）、智能两票等功能。通过电子围栏实现对重点危险区域的布控，监视和保护相关人员的安全与活动范围。通过人员定位、门禁、人脸识别等物联网技术结合三维可视化、电子围栏、智能识别等，与工作票、操作票联动，形成智能两票系统，对人员在现场的施工时间、时段以及在现场区域的活动进行有效的管控，实现人员安全与设备操作的主动安全管控，保障现场工作安全规范完成。

A.3.1.1　智能安防系统应用情况

调研的 18 家电厂均实施了智能安防相关的建设工作，由此也可以看出安全在电厂日常运行中的重要性。下面依次从摄像头监控系统、人员定位、多传感器联动三个方面介绍调研电厂在智能安防领域的建设情况。

（1）摄像头监控系统。

摄像头监控作为安防行业最为典型的应用，在调研电厂中也得到了广泛的使用，大部分电厂都在厂区安装了摄像头，并配备监控室，实现厂区重要区域的远程监控。由于普通摄像头不具备自动检测功能，需要人员 24h 盯着监控画面才能发现异常情况，负责看监控画面的人员一方面会很疲惫，另一方面是人员监控容易忽略到一些异常情况，存在安全隐患。部分电厂因此开展了智能检测模块的开发工作，包括上述提到的人员违章的检测、设备跑冒滴漏的检测及环境异常检测等功能。调研结果显示大部分电厂目前仍停留在视频监控的层面，开展智能检测模块开发工作的电厂不多，部分电厂是因为受到资金的约束，智能检测模块每个检测功能价格不菲，而且一些电厂还要新安装或更换摄像头硬件，配备专用 GPU 服务器，这一整套投入比较高。

调研电厂中华润湖北发电厂携手华润电力技术研究院共同开展智能识别算法的研究工作，组建了自己的视觉算法研发团队，并配置了大量的 GPU 服务器用于处理图像数据，其优势在于可以根据电厂的实际业务需求开发检测内容。目前该电厂实施了安全帽检测、安全服检测、设备跑冒滴漏检测及巡检机器人等工作。在识别算法方面，需要随着数据的积累不断调整识别算法模型才能提高识别的准确率，在调研过程中遇到其技术人员在现场采集图片，并对更新的检测算法模型做测试，这种模式可以使开发的智能检测算法更加适合对应的工业现场环境。

中电普安发电厂部署了 4 台 GPU 服务器构成的实时视频分析系统，开发了人员作业行为检测功能，实现 66 个重点区域 4 类违章行为的自动抓拍，其正在和第三方单位合作建设人工辅助训练违章样本的云平台。

京能高安屯热电厂实现了对重点区域的监控，自动监测汽轮机区域、燃气轮机区域、余热锅炉区域以及其他重点监控区域内出现的异常情况（比如非法闯入、现场跑冒滴漏等）。2019 年 5 月京能高安屯热电厂循环水泵房发生过一次水淹地面的事件，利用智能视频分析系统，捕捉到了当时的异常工况，给生产人员提供了一些关键信息。但由于事故工况较少，视频中有效信息量太小，即负样本很少，导致模型的准确率还不够高，目前该项目还处于初运行阶段，仍旧需要积累大量的视频资料，这也是目前该技术在电厂的应用中普遍遇到的问题。

江苏利港发电厂视频监控系统整合了全厂目前已有的视频系统（安防、工业电视等），再新增部分视频点位，通过电厂智能监控系统平台实现相关的系统数据共享和硬件资源共享，减少重复投资。电厂智能监控系统可以将声音、图片处理并传送，允许进行多方联动。设备运行管理系统的功能可分为业务流程类与事件触发类。业务流程类功能包括巡检、现场操作类等。事件触发类功能包括机组启停、异常事故处理、消防报警等。业务流程类功能必须通过平台软件与摄像头关联，在平台上将摄像头的监控信息显示在屏幕上。事件触发类功能直接将布防的摄像头监控信息投射到监控画面上。典型案例有远程视频巡检、异常及事故处理、机组（设备）启停、节能管理、环境管理、防火管理、人员统计、用户管理功能模块、移动终端 App、4G 单兵头盔等几方面的应用。

国能宿迁发电厂构建了完整的智能安防体系架构，分为设备接入层、数据交互层、基础应用层、业务实现层、业务表现层。利用视频监控设备实现安全帽佩戴检测、人脸识别、人员行为识别功能。

华润徐州发电厂配置了 1000 多个摄像头、6000 多个火灾报警、9000 多米周界防护（电子围栏）、320 多个门禁，实现了对重要区域无死角、全覆盖的监控，以上设备集中于安防中心实时监控。生产现场配备 30 套执法记录仪，对现场工作实现安全记录，实现了工作过程实时记录。所有人员进入厂区和生产区，全部通过脸部识别验证，既实现了人员上下班考勤自动统计，又有效防止了未授权人员进入生产现场。

（2）人员定位。

在调研的 18 电厂中开展人员定位工作的电厂有 11 家，实现的方式有 UWB 定位技术、人脸识别、门禁、智能锁、多种方式融合（UWB 定位技术、人脸识别、门禁、智能锁几种方式的交叉融合方式）5 种。大部分电厂是通过 UWB 定位技术实现人员的实时定位。调研中的部分电厂表示不需要定位人员的实时位置，只需限定人员的活动区域就能实现人员的安全管控需求，调研电厂使用智能锁、人脸识别、门禁这三种方式限定人员的活动区域，不同人员根据获得的授权进入相应的活动区域。在需要重点监控的区域，比如电子间、开关柜等，可以通过使用多传感器融合的方式实现人员的局部区域精准定位。由于电厂厂区比较大且环境复杂，大范围实现人员定位比较困难，一是人员定位设备成本比较高，二是定位技术实现高精度定位对环境要求比较高，导致部分复杂区域人员定位误差比较大。从实际的业务需求及技术实现两方面考虑，均无须全厂人员实时定位，只需在重点区域根据业务需求实施局部人员定位。应用人员定位技术实现电子围栏、危险源管理、人员管理（包括外包工管理）、智能两票等功能，见表 A-4。

表 A-4　　人员定位实施情况

序号	电厂	实施方案	技术路线
1	京能高安屯热电厂	应用范围为除天然气调压站、储氢站、天然气前置模块、燃气轮机罩壳内、禁止无线通信房间以外的全部室内外生产区域。通过Wi-Fi实现室内定位数据传输，通过GPS实现室外人员定位。配备200套定位标签。标签佩戴方式为安全帽。实现了智能两票系统	采用基于GPS/BDS+Wi-Fi+IMU无线实时定位系统
2	国能北京燃气热电	厂区大范围使用内部可直开式的门锁，并将人员分为5级权限，门锁有电磁阀，具有开关反馈功能，能够感知开闭状态，开门超过5min就会报警。在重点区域配有视频监控，智能锁与摄像头联动实现安防功能	智能门锁与监控系统联动
3	华能营口热电厂	输煤系统中开发了输煤智能安全定位及设备巡检管理系统，具有电子围栏功能	UWB定位技术
4	大唐南京电厂	应用UWB技术实现人员定位，建设200多个基站，定位精度30cm。目前覆盖了锅炉0m层和汽机房，实现危险源智能识别、智能巡检、电子围栏、智能两票、历史轨迹查询等功能	UWB定位技术
5	华润徐州发电厂	燃料采制样区域实现人车定位，定位卡内同时封装13.56MHz频段无源标签，实现一卡多用。安装有源无线定位基站11个、无源无线定位点128个、覆盖接送样线路1950m，发卡50张，定位精度5m。实现电子围栏，具有实时显示、历史查询、超范围报警等功能，定位卡中还有SOS呼叫功能，遇有危险状况时可按键报警，屏幕显示报警地点	2.4GHz、125kHz频段的半有源RFID射频卡定位技术
6	国能石狮发电厂	在部分有限空间作业时，配置有限空间作业监控管理系统，实现电子围栏功能，集作业管理、进出登记、行为监控等功能为一体，并具有有害气体连续监测功能	智能摄像头（人脸识别）
7	中电普安发电厂	厂区安装门禁，设置门禁等级，每个人根据授权的权限进入对应的工作区域	门禁系统、人脸识别
8	国电投沁阳发电厂	厂区安装门禁，设置门禁等级，每个人根据授权的权限进入对应的工作区域	门禁系统
9	大唐泰州热电厂	融合三维、人员定位、手机App等技术，实现智能两票管理系统	智能两票
10	国能宿迁发电厂	开发智能两票系统。对操作票进行电子化管理，与监控视频、三维可视化集成，实现了开票方式多样化、防误管控智能化、操作审批流程化。与视频联动达到可视化防误的目标。工作票模块实现多种开票方式、图形化配置审批流程、工作票资质校验等功能	智能两票
11	中电投新疆五彩湾发电厂	人员定位、电子围栏、视频联动系统	智能两票

（3）电子围栏。

华能营口热电厂应用UWB定位技术在输煤系统中开发了输煤智能安全定位及设备巡检管理系统。该系统具有电子围栏功能，对检修作业人员进行动态管理，对工作班成员进出电子围栏及非工作班成员进入电子围栏进行检测，并通过PC端及App端实时语音报警提示。该系统与输煤PLC控制系统实现通信及连锁控制，电厂输煤系统一键启停，系统实时获取输煤系统设备启动流程并自动对流程内全部设备进行精确安全人员检测，当系统检测到预启动设备上有人作业时，输煤系统启动流程中断，系统通过PC端及App端准确提示作业人员位置、姓名等关键信息，实现安全生产从人防到技防转变，杜绝人为误操作造成的人身伤害及设备损坏事故发生。该系统成功的应用在于其对煤场区域人员定位精度的要求不高，只需要判断煤场区域内是否有人就可以，而不需要人员的精确位置，所以即使UWB定位技术在煤场区域内定位精度不高也能达到智能安防的需求。

国能神福（石狮）发电有限公司（简称“国能石狮发电厂”）在机组A级检修期间，为更好管控现场作业安全，防止不安全事件的发生，在部分有限空间作业时，配置有限空间作业监控管理系统。集作业管理、进出登记、行为监控等功能为一体，具有有害气体连续监测功能，在有限空间内布置监控摄像头并连接到管理平台，人员进入工作区之前需要通过人脸识别系统自动登记工作人员信息，使有限空间作业全程处于安全监控之下，有效监管作业人员进出、作业行为，为A级检修安全提供了可靠保障。

大唐南京电厂人员定位系统属于有源定位，实现电子围栏功能。定位牌中有两个灯，会提示进入危险区域。安监部对外来人员进行登记，发放指示牌，现场进入危险区域会报警。KKS码对接现场，对工作票操作人员开放黄色电子围栏，非操作人员进入该区域会触发报警。电子围栏架设分为自动架设和手动架设，自动架设需要KKS码，但无码的需要安监部手动架设。

京能高安屯热电厂定位技术结合三维数字化信息管理系统，实现人员定位的实时三维查看、历史轨迹查询、人员分布信息查询等功能。结合生产管理系统中数据，实现静态和动态的电子围栏，防止无关人员闯入工作区域。实现标准接口，人员定位数据可以方便地被第三方应用调用。

（4）智能两票。

大唐泰州热电厂将两票管理业务融合三维、人员定位、手机App等技术，实现智能安全两票管理系统。工作票在开出后，由工作票的许可时间和结束时间作为时间要素，工作票的设备信息即设备的工艺位置作为空间要素，在三维数字化模型中以时间要素和空间要素自动生成电子围栏。电子围栏将形成自动报警区，借助人员定位和移动手机技术，对两票的工作负责人和工作班成员长时间离开电子围栏区域进行手机的振动或短信等报警提醒，对非工作成员的闯入，不但对闯入人员，同时对工作负责人和值班成员等进行手机的报警提醒，防止非工作人员误入设备间造成误操作。

国能宿迁发电厂操作票模块通过对操作票进行电子化管理，与监控视频、三维可视化集成，实现了开票方式多样化、防误管控智能化、操作审批流程化。与视频联动达到可视化防误的目标。工作票模块实现多种开票方式、图形化配置审批流程、工作票资质校验等功能。与风险预控体系关联，智能提示危险源、危险点和防范措施。可以根据实际情况，在工作票流程中增加条件，只有在满足该条件的前提下，审批才能进入下一步。工作票的许可和终结环节，与 DCS 实现联动，在相应环节中对安全措施相关设备运行参数进行校验。与门禁集成，报警信息自动报送误闯人和许可人。在多张工作票同时进行的工作时，如果三维模型中电子围栏区域出现部分重叠时可进行有效的预警，对不同工作票区域间的交叉作业及时告知相关人员，有效地避免安全隐患。实现工单与工作票关联，工作票和操作票关联。

京能高安屯热电厂通过获取 SAP 系统中两票实时信息，结合公司安全管理相关要求，对高温、高压、有检修工作等区域动态设置电子围栏，结合人员定位信息，发现无关人员越界或者某一区域人数超过限制，将及时报警并推送给当事人和管理人员，有效提高安全水平。有紧急情况时，及时推送信息到现场人员，并提示应急疏散路线，保障人身安全。

（5）多传感器联动。

调研电厂应用的智能安防设备有摄像头、门禁、智能锁、振动传感器、光纤测振、声音传感器、温度传感器、定位系统等。通过多种传感器融合技术实现智能安防的功能。应用比较多的是摄像头与其他传感器的联动，其他传感器提供异常信息源报警位置，摄像头跟踪异常信息源位置并实现远程监控，如果摄像头是智能摄像头，还可对异常情况实时监测，见表 A-5。

表 A-5　多传感器联动在智能安防的应用情况

序号	电厂	实施方案
1	国能北京燃气热电	智能化消防安保平台，主要由视频监控系统、火灾自动报警系统、门禁管理系统、周界围墙报警 4 个系统组成
2	中电普安发电厂	综合利用人员定位、门禁系统、图像识别、电子围栏、移动应用等技术，与两票三制深度融合实现智能门禁系统、输煤系统转动设备主动防护系统
3	华能汕头发电厂	通过使用摄像头与定位系统的联动，实现了在 6kV 配电室的智能监控系统
4	华电莱州发电厂	通过使用摄像头与定位系统的联动，实现了在 10kV 开关柜的智能监控系统

续表

序号	电厂	实施方案
5	国能宿迁发电厂	各子系统联动、与火灾报警联动、三维可视化关联
6	中电投新疆五彩湾发电厂	厂区监控、厂区门禁、人脸识别、人员定位、三维可视化等系统互通互联，安全生产“管”“控”闭环

通过使用摄像头与定位系统的联动，华能汕头发电厂实现了在6kV配电室的智能监控系统，华电莱州发电厂实现了在10kV开关柜的智能监控系统，有效地防止了工作人员走错工作间隔情况的发生。华能汕头发电厂实现的方案基于高精度室内定位技术、摄像机控制技术和电机控制技术。该系统可自动提取操作票的操作任务、操作间隔信息，当操作人员佩戴信标进入操作区域时，监控系统自动启动，现场高精度室内设备可以实时地定位人员的位置，同时系统驱动电机控制监控平台实时跟踪操作人员，对操作间隔定位提示，自动对操作人员进行全过程、近距离、多角度地跟踪监控并录像、录音，当操作人员在非操作间隔停留超过设定时间时，现场和集控室均有报警音提示。操作任务完成后，自动对任务进行闭环，并生成操作任务的时间节点。集控室人员或管理人员可通过集控室该系统电脑或厂网清晰察看实时操作情况，及时发现不足之处并给予纠正，或通过系统操作历史节点信息调取监控画面，满足了管理人员的监督管理需求，或利用系统录制的视频，进行操作和现场危险源辨析培训。在实现相关功能的同时未给运行人员增加额外工作量，使得安全性、生产效率和可执行性得以保证，也满足了专业或安全管理人员的监督管理需求。

国能北京燃气热电基于智能国华云平台建设的智能化消防安保平台，主要由视频监控系统、火灾自动报警系统、门禁管理系统、周界围墙报警4个系统组成。该平台以三维展示及漫游为核心的人机交互方式，实现数据的共享和联动。消防安保平台集成了1980个消防火灾报警点，237个视频监控摄像头，304个门禁和9个区域的周界围栏报警。平台实时监控火灾报警、周界防护报警、门禁报警信息，在收到任意一个报警信号后，系统在三维中自动定位，给出报警信号，周围区域的摄像头能够同时启动联动机制，转向报警点，方便中控室人员查看现场情况并根据报警信息，及时通知相关人员进行处理。通过对4个系统的集成和全厂的三维建模，可以让监控人员第一时间获取报警信息，并利用平台实现日常监控管理，同时通过4大系统之间的联动配置，形成时时监控、事故处理决策及事后处理支持的防护体系。

中电普安发电厂利用人员定位、门禁系统、图像识别、电子围栏、移动应用等技术，与两票三制深度融合，从人、机、料、法、环五个维度对现场人员生产作业的全过程进行实时、主动安全监控，实现本质安全管控。与两票三制自动关联的智能门禁系统，自动根据ERP人员信息和工作票信息进行业务授权，实现重点生产区域作业人员情况实时监控。设置人脸识别设备，确保人证相符。现场门禁随工程进展随时投用，有效保障电厂建设的安全管理，工程建设中未发生人身重伤及以上事件。针对转动机械易造成人身伤害的问题，建设输煤系统转动设备主动防护系统，越界自动停机，并与视频监控联动，有效防止人身伤害事件发生。

国能宿迁发电厂智能联动系统包括三个部分，各子系统联动、与火灾报警联动、三维可视化关联。通过安全消防保卫综合集成平台，可实现视频监控、报警、门禁、巡更等多个子系统的整合联动，还有门禁与视频监控的联动、智能分析与视频监控的联动、电子围栏与视频监控联动。与火灾报警联动，当平台接收到火灾报警信息后，立即弹出多路实时现场视频，多角度、全方位展现当前报警点火情，指挥中心通过转预置位、调焦、变换镜头角度，对火场细节进行进一步查看。通过预先设置，可对着火前的现场进行提前录像或即时录像，方便查找原因；同时，针对重点视频，可手动录像另做保存。与三维可视化关联，将报警点、门禁点、视频点等各子系统的监控点位在宿迁电厂厂区三维可视化模型中进行标绘，实现虚拟（三维实时场景）和现实（厂区视频照射实际场景）相结合，在三维场景中选择任何一点，厂区中视频照射该点的摄像头会自动弹出实时视频信息。

中电投新疆五彩湾发电厂深度应用物联网技术，发挥统一数据平台优势，形成厂区监控、厂区门禁、人脸识别、人员定位、三维可视化等多个系统互通互联，对现场人员位置及安全信息进行全盘监测，实现电子围栏、危险源管理、智能两票等系统的数据交互，防护手段从“人防”升级到“技防”“物防”，安全生产形成“管”“控”闭环。同时创新引入巡检机器人在输煤廊道等恶劣巡检环境下，应用红外热成像、高速图像抓拍与识别、气体监测等技术，提升巡检效率，提高巡检质量，降低巡检人员安全风险，第一时间掌握输煤皮带跑偏、撕裂、打滑等现场情况，及时发现火灾隐患及有毒有害气体，实现输煤廊道全天候无间断巡检。

A.3.1.2 应用中存在的问题

目前大部分电厂配备的摄像头为普通摄像头，不具备智能分析功能，只能实现远程监控及录像的功能，其原因在于智能摄像头及相关的检测算法建设成本比较高且检测算法的准确率不高。虽然基于深度学习的图像识别技术目前已经逐渐成熟，并在实验室比较理想的环境下可以实现较高的识别效果，但在实际复杂的工业环境下由于各种原因导致识别率不高。主要原因有两个，一是电厂环境大且复杂，目前的视频分析手段对外部因素的干扰不能很好地排除，如现场光线的变化、地面的清洁度的变化等都会直接影响到分析结果，造成误报警的现象。比如工帽检测夜间蚊虫导致误识别，复杂的背景也会导致误识别。二是训练样本不足，特殊工况图片资料的收集及整理分析较慢，由于现场事故工况发生的概率极低，历史视频中有效信息的量有限，致使捕捉有效信息较慢，工况的可重复性较差，不便于人工模拟获取训练样本，部分图像处理算法测试困难，导致泛化能力弱，多场景适用性差。虽然基于深度学习模型的图像识别技术在飞速发展，也可预计未来将成为厂区人员行为管理尤其是违章行为识别的重要手段，但是由于技术的开发到技术落地需要克服一系列的实际问题，这个过程仍比较艰辛。

大部分电厂开展视频监控工作都是通过与第三方公司合作共同完成，电厂方提出业务需求由第三方合作单位完成，极少有电厂会自己组建一支机器视觉算法开发团队。因电厂的人才一般是电力相关专业的，组建一支视觉算法团队一般需要视觉领域毕业的研究生，目前的市场行情一位视觉算法工程师的年薪都在30万以上，所以拥有一支视觉算法团队的成本比较高。智能检测算法需要根据业务场景的变化及模型训练数据增加持续的更新，与第三方公司合作开发往往在后期的模型维护上存在问题，缺乏持续更新算法模型的机制。

调研电厂大部分使用UWB技术实现人员定位功能，但是UWB定位技术在有大量钢体的环境下定位不准，会发生定位漂移现象，而电厂环境有大量的钢体存在，使电厂中人员定位不准，虽然在算法上可以就干扰做一定的修正，但由于跟家电厂使用UWB技术实现的具体细节不一样，所以定位精度差别也比较大。厂区人员定位的精度决定了基于人员定位技术的电子围栏、智能两票、危险源识别、人员轨迹跟踪、智能巡检等相关的技术能否较好地实际落地。

部分人员定位方需要安装定位标签，定位标签需要定期充电，随着电池的使用，续航时间可能会缩短。

A.3.2 工控信息安全系统

电厂智能化建设涉及的项目多、范围广，现场大量应用智能终端设备并使用无线网络传输数据，智能管控平台颠覆原来的三层电厂架构，数据传输流发生了变化，数据与外界的交互更多，网络的安全性需高度重视，否则会发生电厂的智能化提高、但网络风险增大的情况。

工业控制系统的信息安全是保证设备和系统中信息的保密性、完整性、可用性，以及真实性、可核查性、不可否认性和可靠性等。工控信息安全技术的主要目的是保障智慧电厂控制与管理系统的运行安全，防范黑客及恶意代码等对电厂控制与管理系统的恶意破坏和攻击，以及实现非授权人员和系统无法访问或修改电厂控制与管理系统功能和数据，防止电厂控制与管理系统的瘫痪和失控，和由此导致的发电厂系统事故或电力安全事故。

A.3.2.1 工控信息安全防护技术应用情况

国电东胜热电厂基于国电智深 ICS，开发了基于国产可信技术的主机安全监管系统，实现了主机安全策略配置、基于白名单的进程安全管控、系统状态监视和移动介质接入控制等安全功能，此外增加了综合审计系统。总体安全防护包括：应用安全防护、数据安全防护、网络安全防护、主机安全防护、安全管理。防护策略从重点以边界防护为基础过渡到全过程安全防护，形成具有纵深防御的安全防护体系，实现对煤炭生产控制系统及调度数据网络的安全保护，尤其是煤炭生产中控制过程的安全保护。

国能宿迁发电厂工业监控系统信息安全管控平台采用主动网络信息探测和网络节点设备安全强化相结合的安防技术和方法，通过层层主动监管、整体协作，组成一个完整的多层次的网络安全系统。通过 DCS 主机操作系统安全防护、网络边界的安全防护、DCS 网络内部的主动安全防护，构建了第二代 DCS 网络安全管控平台。主要包括 DCS 专用网络安全监控平台、DCS 关键设备和节点操作系统安全加固相关产品、研发 DCS 安全审计平台。在 3 号机组、4 号机组、辅助车间、厂级 DCS 网络分别增加系统信息安全管控平台、综合审计服务器，在每个 DCS 域单独部署一台网络监控服务器，在每台网络监控服务器上安装网络主动安全监控软件、综合审计软件。对所有上位机安装主机加固软件。

浙江浙能台州第二发电有限责任公司（简称“浙能台州第二发电厂”）与工信部四院合作，针对发电厂的工业控制系统攻击手段主要以 APT 为主，在建设中为了有效遏制 APT 威胁，加强电厂工业控制系统的安全防护，采用了“纵深防御”这一总的安全原则，在信息管理大区部署安全防护产品，对 Web 攻击及 APT 攻击进行过滤和预警，有效遏制 APT 攻击，在加固管理大区信息安全防护手段的同时，通过对工业控制系统进行安全区域划分，建立不同区域之间的数据通信管道，对管道数据进行全面的分析与管控，构建了从信息管理大区到生产控制区的纵深防御体系。同时部署了企业安全感知中心，实现了对工业控制系统及设备、安全设备等的监控，使企业管理者能够总揽全局，时刻了解工业控制系统网络安全的状况，指导企业建立合理的安全策略，规范安全管理流程。

A.3.2.2 应用中存在的问题

电力控制系统的网络安全问题已经引起国家和权威机构的高度重视，电力行业也多次发文规范电力监控系统的相关防护要求，但是相对企业和从业者来说，仍是一个很新的领域，由于重视程度及投入差异等诸多原因，防护水平不高和发展不平衡，尤其是在设计之初，由于资源受限、非面向互联网等原因，为保证实时性和可靠性，系统各层普遍缺乏安全性设计。在缺乏安全架构顶层设计的情况下，技术研究无法形成有效的体系，产品形态目前多集中在网络安全防护层面，不是特对控制系统自身的安全性能，提升缺乏长远的规划。系统安全根源：

（1）策略与规程脆弱性。指安全策略或安全规程不健全。工控系统缺乏安全策略，相关人员缺乏正规安全培训，系统设计阶段没有从体系结构上考虑安全，缺乏有效的管理机制去落实安全制度，对安全状况没有进行审计，没有容灾和应急预案以及配置管理缺失等。

（2）工控架构脆弱性。传统工业控制系统更多考虑物理安全、功能安全，系统架构设计只为实现自动化、信息化的控制功能，方便生产和管理，缺乏信息安全考虑和建设。同时系统部署架构种类繁杂，需求特殊，不利于系统升级及漏洞修补。

（3）工控平台脆弱性。由于现有的工业控制系统都采用了默认配置，这就使得系统口令、访问控制机制等关键信息很容易被外界所掌握；部分系统设备采用无认证接受指令以及嵌入式系统，存在较多漏洞和潜在后门的可能性较大；另外工控系统安装杀毒软件困难也使得工控系统很容易遭受病毒木马的感染。

（4）工控网络脆弱性。工控网络脆弱性指工控系统采用的协议杂多且不安全，存在的漏洞较多；而且部分协议采用明文传输或文档公开，信息很容易被窃取，篡改及伪造；同时工控网络定义网络边界模糊，区域划分不明，比如存在控制相关的服务并未部署在控制网络内的情况。

此外还存在以下问题：

1）认知问题，认为工业控制系统是与外界隔离不需要特别的安全防护；

2）缺乏风险管控理念，忽视信息安全的总体规划和安全设计；

3）重信息安全技术措施，轻信息安全管理措施；

4）重视网络安全，忽视物理安全、应用安全、系统安全等其他方面；

5）重视边界防护，忽视有效的纵深或深度防护；

6）重视控制系统防护，忽视现场级智能仪表或设备的接入侧防护；

7）缺乏对远程访问有效的管控手段；

8）因匮乏工业级信息防护产品，常将商用信息安全设备用于工控系统中。

A.4 智能生产应用

A.4.1 智能监盘系统

智能监盘系统是在对机组历史运行数据各工况分析和寻优基础上，将性能计算与耗差分析结果进行各生产系统开环控制，并通过建立运行操作因子的标杆值指导运行人员对生产过程进行高效操作，提高控制水平，提升机组经济性能。利用数据挖掘技术与预测分析技术、机器学习算法，结合火力发电厂运行规程要求和运行管理需求，对火力发电生产工艺参数进行预测、评价、归纳，并合理地组织呈现、推送异常信息，达到用计算机来代替人员进行查阅画面、分析参数、关注趋势的目的。

目前实现智能监盘的技术路线主要有三种形式，第一种是建立打分系统，对运行数据进行集中分析，将各个系统的健康度根据不同的维度进行评价评分，在通过一个融合模型生成系统的运行状态最终得分。第二种是建立标杆值，通过对机组各个系统运行工况的综合分析与计算，评估系统运行参数的最佳值即标杆值，通过操作因子的标杆值指导运行人员对生产过程进行高效操作，使系统运行参数逼近最佳值。第三种是SIS系统的深度开发应用，建立趋势图辅助验证测点报警明细、能耗寻踪-能量损耗指标分解模型，实现数据的共享和生产过程实时信息监控，为发电生产的经济运行、节能降耗提供分析与指导。

A.4.1.1 智能监盘系统应用情况

在调研的18家电厂中进行了智能监盘建设相关工作的电厂有11家，分别是江苏利港发电厂、国能宿迁发电厂、中电普安发电厂、京能高安屯热电厂、国电东胜热电厂、华电莱州发电厂、华润湖北发电厂、国能北京燃气热电、国电投沁阳发电厂、浙能台州第二发电厂和国能太仓发电厂。具体建设内容见表A-6。

表A-6 智能监盘建设内容

序号	调研电厂	实施方案
1	江苏利港发电厂	通过打分系统进行智能监盘
2	国能宿迁发电厂	指标运行优化系统
3	中电普安发电厂	实时数据和大数据分析的智能辅助决策
4	京能高安屯热电厂	基于历史、实时数据的状态寻优和运行指导
5	国电东胜发电厂	智能运行功能，通过大数据分析技术提升机组高效运行水平
6	华电莱州发电厂	全负荷运行寻优
7	华润湖北发电厂	润优益智能寻优指导系统
8	国能北京燃气热电	预警数据寻优
9	国电投沁阳发电厂	SIS系统深度开发应用
10	浙能台州第二发电厂	通过打分系统进行智能监盘、运行操作指导
11	国能太仓发电厂	参数预估评分

江苏利港发电厂自主开发了一套拥有自主知识产权的火电机组智慧监盘系统，在DCS

上的深度扩展，挖掘历史运行数据，基于数据分析、热力计算、运行经验对全参数进行建模，再通过安全性、经济性、可靠性、动态追踪参数实时值与标杆值的偏离度、分析系统性故障等五个维度，对设备、系统、机组三级健康度进行实时评定，对异常征兆进行预警，代替运行人员监视。使运行人员可通过一张画面总体了解机组的运行健康度。利用该系统可显著提高运行人员监盘效率，降低人员劳动强度，提升机组运行的安全性、经济性。

华润湖北发电厂基于 DCS 平台建设润优益智能寻优指导系统，通过 DCS 或值班员控制，实现全工况范围的闭环调整。其核心是通过对火电机组实际运行工况的各类不可控条件的统计与分析，判断关键状态参数的变化范围，利用编码和机组边界索引，形成机组综合最优工况动态标杆值数据体系，为耗差分析提供状态标杆值（传统耗差分析）和操作标杆值（新型耗差分析），从而定量和定性的描述相应偏差，结合利用先进信息技术搭建而成的动态标杆值数据库，实现对应工况下的可控因子最优标杆值自动匹配，为运行人员提供在线指导。此外，依靠人脸识别技术和动态标杆值量化评价技术形成的精细化考评管理体系，实现对运行人员的指导和透明、公正评价。

国电东胜发电厂在已建成的 ICS 平台基础上开发智能监盘应用功能，在运行控制层面建立机组的能效分析诊断模型，将性能计算与耗差分析结果进行各生产系统闭环控制。通过建立运行操作因子的标杆值指导运行人员对生产过程进行高效操作。目前已建立最优氧量计算模型和最优真空计算模型。

京能高安屯热电厂应用大数据平台工况寻优系统实现了综合气耗指标寻优、综合厂用电率寻优、压气机状态寻优、凝汽器背压寻优。热电工况寻优通过利用自学习算法不断优化最优样本模型，基于历史真实数据的最优状况并且不断自学习，摆脱常规算法预测误差脱离实际，使机组一直运行在最优状态。

国能宿迁发电厂依靠智能发电运行控制系统开发应用，实现了智能运行寻优在能效实时计算的基础上，系统采用自寻优算法给出机组运行过程中当前工况下的最优运行目标值（如最佳氧量、最佳真空、最优主汽压设定值、最优一次风压等）和最优运行方式（如磨组合方式、配风方式等），并可与底层控制回路配合，实现机组自趋优的“能效大闭环”运行，有效提高效率，降低煤耗。

国电投沁阳发电厂对 SIS 系统深度开发应用，实现实时数据秒级采样与存储，趋势图辅助验证测点报警明细，能耗寻踪-能量损耗指标分解。通过对数据的共享和生产过程实时信息监控，为发电生产的经济运行、节能降耗提供了分析与指导。

国能北京燃气热电该系统以设备故障预警系统为基础，监视画面配有 3700 个参数点，按系统分监视组，每个监视组可配 9 个点。利用各个相关信息系统的数据：实时数据库中的存档数据和实时数据、故障预警数据库中的估计值数据、实时估计值数据和历史估计值数据，在系统中配置数据库中进行判断，展示可视化报警。

浙能台州第二发电厂智能监盘通过智能化手段，将运行规程和电力安全规程结构化，主动对运行中的各类参数（温度、压力、液位、振动、电流、流量、流速、氧量、电导等）和设备状态（启停、备用、检修、开启、关闭、异常）进行监测，并根据重要程度依次将运行波动呈现给监盘人员，并给出相应调节手段、调节量以及所产生的影响和效果，定制巡点检任务，指导现场监盘人员更好、更优地调整机组运行，降低运行人员工作强度，提高工作效率。

国能太仓发电有限公司预警系统通过实时跟踪电厂设备全寿命周期内的运行情况，通过电厂数据的有效分析，识别设备的潜在异常情况，并予以提醒，针对不同测点，系统能够提供差异化的三级预警服务，让运行人员能够“有的放矢”地进行设备的巡查，三级预警系统在严重程度上是递进关系。

A.4.1.2 应用中存在的问题

由于市场上可借鉴的方案较少，在实施时算法的选择以及策略的制定需要多次优化才能成熟可用。

(1) 煤质边界实时性检测问题：在火电厂运行过程中，煤质多变是影响机组稳定运行的重要因素，但是目前多数电厂的煤质检测依然依赖于煤质化验，煤质信息存在迟滞性和非连续性问题，将对系统最优标杆值的在线计算产生一定的影响。

(2) 大修、设备老化、设备故障引起的机组性能变化问题：随着机组长期运行，将伴随设备老化、故障、大修等情况的发生，设备性能也将随之发生改变，此时标杆值数据库的适用性将发生变化，对应新工况条件下的最优标杆值，需要依据新的边界状态，进行自适应动态调整，以匹配新的工况边界。

(3) 数据不足：为了确保推送的最优运行参数建议的真实可靠性，工况寻优系统需要以机组负荷、环境温度、环境湿度、供热量作为边界条件，将工况进行细分切片，导致摊薄了该工况下的数据量，因此实施工况寻优建设需要极其庞大的数据量积累作为分析的基础。

A.4.2 APS自启停控制系统

APS通过使机组按照预先规定的程序进行设备的启、停操作，可减轻操作人员的劳动强度，减少出现误操作的可能，提高机组运行的安全可靠性。APS的实施过程，既是对机组设备运行规范优化的过程，也是对控制系统优化的过程。APS的设计和应用不但要求自动控制策略要更加完善和成熟，机组运行参数及工艺执行顺序准确翔实，而且对设备的管理水平也提出了更高的要求。良好的 APS 系统能够缩短机组启、停设备时间，降低启停过程中的油耗、煤耗，提高机组运行的经济效益。

目前多数电厂都实施了 APS 系统相关工作，但是大多电厂配置的 APS 功能没有真正意义投入运行，目前 APS 的应用方面还存在着各种问题，主要有以下几个方面：

（1）就地设备问题导致 APS 无法正常使用。例如某些阀门反馈信号不到位，测点信号不够准确，导致 APS 无法正常执行步序；有些就地阀门为手动门，导致 APS 程序中间断点过多，无法正常执行。

（2）APS 界面不够友好，导致运行人员不了解如何进行操作；当 APS 无法执行下去或者中断时不知如何采取措施进行解决。

（3）APS 系统执行过程中全部自动化进行，执行的程序是固定不变的。但机组的运行工况千差万别，某些模拟量控制系统在执行 APS 程序的过程中存在一定风险。

（4）启动及停止断点设置的合理性及安全性需讨论研究。设置一些断点由人为进行判断，例如汽水品质、并网等，前者是由于部分化学分析仪表在机组启动初期无法正常投入，后者是由于需要人工向电网申请，针对此类问题还需要仪器仪表的升级和电网管理的改革才能实现真正的一键启停。

（5）DCS 多网控制对 CPU 通信的负荷率的影响。如机组本身 DCS 控制网络为多网控制，尽量减少网间通信点的设置，避免增加 CPU 通信的负荷率，造成机组运行的不稳定性。

传统 APS 系统主要是基于设备启停顺序，固定路线设计的，设计理念相对固定化，在过程容错与操作自由度方面考虑较少，是一种面向过程的设计方法，一旦针对机组特点固化下来，虽然可以起到指导运行、减轻操作负担的作用，但由于运行后使用机会较少，在工况条件复杂时可能不适用，导致运行人员没有足够的时间充分熟悉与磨合，也就造成了使用率低的现实困境。灵活性 APS 主要是采用面向对象的设计理念，以分布式对象系统为基础，采用多层结构设计，顶层串接出全局的任务规划与调用结构，突出底层对象系统的独立可用性，强调任务执行中的人机协作，弱化所谓的断点配置，任何时间任何位置都可中断，而任何中断处都能续操，随时进入后续进程，与运行习惯紧密衔接，实时利用生产和操作数据，解决设备运行程序、重要控制过程在机组启停、运行中对工况多变、场景多变、阶段多变、特性多变的适应性，呈现一个关注的是过程，提出的是需求，面对的是对象，操作的是系统的场景，进而提高操作灵活性与工况适应性。

A. 4. 2. 1 APS 自启停控制系统应用情况

在调研的 18 家电厂中，多数电厂都实施了 APS 系统相关工作，其中江苏利港发电厂、中电普安发电厂、国能北京燃气热电、国电东胜热电厂和浙能台州第二发电厂的APS系统日常使用频率较高。以上5家电厂APS应用情况见表A-7。

表A-7　　　　调研电厂典型APS系统应用案例

序号	调研电厂	APS实施方案
1	江苏利港发电厂	(1) 设计有顺控或MCS的系统均纳入APS，设计了169个功能组，实现机组从凝结水系统、给水泵汽轮机油系统启动到带50%负荷的启机过程，机组从任一负荷点开始到汽轮机停机后真空破坏，盘车投入，锅炉吹扫完后闷炉的停运过程。APS功能组不受断点限制，每个功能组都可独立运行，也可由APS系统自动执行。实现深度调峰一键执行功能。 (2) 按三个功能区分层设计：最高层为调度级APS，主要负责导航、协调下游各个系统功能组，让它们按最优时间轴运行。第二层为系统级ABS功能组，它主要负责协调控制各个设备层功能组的运行，这些功能控制在单独的新增控制器中，以便于组态的下装修改。作为手脚的第三层设备级功能组，功能在各自原控制器进行实现。 (3) 根据项目管理理念科学规划了机组启停工作时序。根据电网调令输入并网时间点，系统自动计算生成8个关键节点时间，推算出每个阶段各项任务功能组的计划执行时间。集控值班员根据调用功能组的时间顺序和就地操作任务的下达进行二次统筹，大幅提升了工作效率。 (4) 模拟最优秀运行人员的操作过程，实现了燃煤机组自启停功能，还很好地响应了自动启停磨、风机并退、给泵并退、一键深度调峰、定期试验和主、备设备切换等日常工作需求
2	中电普安发电厂	(1) 采用主辅一体化DCS以便于APS功能的完整实现。 (2) 冷态启动过程5个阶段：机组启动准备、冷态冲洗及真空建立、锅炉点火及升温升压、汽轮机冲转及机组并网、升负荷，停机过程3个阶段：降负荷至30%、机组解列、机组停运。启动55个功能组，停机12个功能组
3	国能北京燃气热电	在设计阶段进行机组启停工艺优化和设备启停预演，将原有系统118个手动门改自动门，以实现机组启停过程的全部自动控制
4	国电东胜热电厂	实现机组自启停，90%以上的操作按照预设逻辑自动执行。在已实现APS功能基础上部署典型操作自动执行、AGC功能一键投切、重要辅机一键启停、典型故障自动处理等功能
5	浙能台州第二发电厂	在机组启停过程中，从安全性和经济性两个方面进行监督，以机组运行规程和操作票为标准，通过异常报警和在线指导，辅助现场人员改进操作，防止异常；机组启停完成后，自动生成分析记录，协助专工形成启停报告；建立启停过程监督标准，对启停过程关键点实时诊断，实现目标偏差、变化率计算、异常提醒、操作建议、启停记录等功能

A.4.2.2　应用中存在的问题

各调研电厂APS的应用方面还存在着以下几方面问题：

（1）就地设备问题导致 APS 无法正常使用。例如某些阀门反馈信号不到位，测点信号不够准确，导致 APS 无法正常执行步序；有些就地阀门为手动门，导致 APS 程序中间断点过多，无法正常执行。

（2）APS 界面不够友好，导致运行人员不了解如何进行操作；当 APS 无法执行下去或者中断时不知如何采取措施进行解决。

（3）APS 系统执行过程中全部自动化进行，执行的程序是固定不变的。但机组的运行工况千差万别，某些模拟量控制系统在执行 APS 程序的过程中存在一定风险。

（4）启动及停止断点设置的合理性及安全性需讨论研究。设置一些断点由人为进行判断，例如汽水品质、并网等，前者是由于部分化学分析仪表在机组启动初期无法正常投入，后者是由于需要人工向电网申请，针对此类问题还需要仪器仪表的升级和电网管理的改革才能实现真正的一键启停。

（5）采用 APS 时重要的工艺流程切换等需要慎重考虑。例如退汽与并汽参数及过程为二拖一燃气轮机 APS 程序启动、停止过程中的难点。退汽与并汽参数需与主机厂家及国外专家反复确定，即要保证机组安全运行的要求，同时要保护设备不受损坏。

（6）DCS 多网控制对 CPU 通信的负荷率的影响。如机组本身 DCS 控制网络为多网控制，尽量减少网间通信点的设置，避免增加 CPU 通信的负荷率，造成机组运行的不稳定性。

A.4.3 实时优化控制系统

目前，在火电厂实际应用中，实时优化控制系统通常采用两种方式来实现，一种是采用 DCS 一体化方式，通过增加专用于实时优化与控制算法的 DCS 控制器，将其作为一个独立的子站来实现；另一种是采用第三方控制装置的外挂方式，将实时优化与控制算法嵌入第三方控制器中，并通过通信方式实现第三方控制器与 DCS 的数据交换，进而指导系统优化运行。无论采用哪种方式，最核心的部分仍是控制器内的控制策略和优化算法。随着人工智能的发展，在火电厂采用的实时优化控制系统多采用人工神经网络、遗传算法等先进控制理论和控制算法来根据某一优化目标实时调整机组各控制系统中的相关参数，使得控制系统始终处于在线学习的状态，以达到提高控制系统自适应能力的目的。

A.4.3.1 实时优化控制系统应用情况

在调研的 18 家电厂中，有 5 家电厂开展了实时优化与控制平台的开发应用，占调研电厂的 28%，其应用情况见表 A-8。

表 A-8 实时优化与控制平台开发应用

序号	调研电厂	实施方案	技术路线
1	大唐泰州热电厂	包括燃气轮机数学模型建立、机组离/在线性能试验系统、联合循环性能监测系统、联合循环损耗分析系统、压气机水洗优化系统、进气过滤器更换优化系统汽轮机冷端优化系统和当量运行时间监测系统以及天然气和负荷预测等系统	基于大数据分析的运行优化系统
2	国电东胜热电厂	利用基于历史数据挖掘的系统辨识工具和多变量预测控制器优化协调、汽温、脱硝回路，并通过分层配煤调整锅炉燃烧。同时实现了最优氧量闭环控制、最优真空闭环控制、按需吹灰优化控制	国电智深-智能发电运行控制系统
3	国能宿迁发电厂	氧量、端差等控制值自学习自巡优，对煤耗、汽轮机热耗等关键指标进行实时计算并展示，对影响因素量化分析和偏差预警，指导运行参数实时调整	国电智深-智能发电运行控制系统
4	华润湖北发电厂	（1）基于综合最优工况判别技术下的动态标杆值数据库体系建立； （2）操作耗差分析系统建立； （3）动态标杆值数据库建设与操作在线寻优指导； （4）电厂运行精细量化考评管理； （5）基于DCS平台的嵌入式集成开发与闭环调控	润优益智能寻优指导系统
5	国电投沁阳发电厂	（1）实时数据秒级采样与存储，部署了两台OPC才使得所有的设备都达到秒级； （2）全新的工艺流程展示方式； （3）趋势图辅助验证测点报警明细； （4）能耗寻踪-能量损耗指标分解	构建发电机组生产监视及管控一体化信息系统

A.4.3.2 应用中存在的问题

实时控制优化项目的不足之处，在于多数优化控制器采用外挂方式，且内部程序对用户不开放，即使开放出来，在用户级层面，有些程序可读性也较差，不便于日后的维护和调整。这个问题的原因是高校或科研单位知识产权保护。建议科研单位或高校，在封装核心技术模块、保护知识产权的同时，尽最大可能预留用户调整的接口，以便于用户可根据机组实际运行情况进行调整，提高系统的可维护性。

A.4.4 SIS系统数据信息挖掘

数据信息挖掘是指通过对电厂大量生产运营数据进行梳理、分析，转化为有用的信息，使得电厂用户可以挖掘和识别发电运行和维护过程中的隐性知识，在一定程度上对运行达到闭环指导的作用。

目前运行优化功能一般需明确机组的煤耗特性或者其他特性曲线，从历史数据库中选取一些典型工况（比如100%、85%、70%、60%、50%额定负荷等），计算这些典型工况下的煤耗特性或相关分析值，并根据负荷进行曲线拟合。由于机组的约束条件（或称边界条件）除了负荷外，还存在环境温度、循环水温、燃料参数、运行的班值等，此外还要考虑到设备的老化影响，因此仅考虑负荷不同的典型工况是不全面的，而要考虑所有约束条件来确定机组的相关特性，困难又很大。随着信息技术的发展，采用基于大数据分析的技术手段（分类、聚类分析、关联分析）来对实时数据库、关系数据库等多数据源中海量的历史数据进行收集、转换、挖掘和分析，为确定机组多约束条件下的全工况特性提供了可能。

目前基于历史数据的数据挖掘工作包括燃气轮机数学模型建立、配煤掺烧模型、机组离、最优氧量闭环控制、最优真空闭环控制、按需吹灰优化控制、在线性能试验系统、联合循环性能监测系统、联合循环损耗分析系统、压气机水洗优化系统、进气过滤器更换优化系统、汽轮机冷端优化系统、当量运行时间监测系统和负荷预测系统以及汽轮机热耗等关键指标的数学模型。

运用生产数据挖掘进行优化控制的案例虽然比较多，但是真正能够进行闭环控制的高价值成熟应用比较少，基于数据分析层面的业务应用较多地在试点和摸索阶段，更多地还停留在实现大数据存储、数据梳理阶段。

A. 4. 4. 1　SIS系统数据信息挖掘应用情况

在调研的18家电厂中实施数据信息挖掘或SIS系统深度开发应用（包括下沉DCS的高级服务器）相关工作的电厂有9家，占调研电厂总数的50%。分别是大唐泰州热电厂、国能宿迁发电厂、国能石狮发电厂、江苏利港发电厂、京能高安屯热电厂、国电东胜热电厂、华润湖北发电厂、国电投沁阳发电厂、华润徐州发电厂，见表A-9。

表A-9　SIS系统深度开发应用实施现状

序号	电厂	实施方案	技术路线
1	大唐泰州热电厂	基于大数据分析的运行优化系统	包括燃气轮机数学模型建立、机组离在线性能试验系统、联合循环性能监测系统、联合循环损耗分析系统、压气机水洗优化系统、进气过滤器更换优化系统、汽轮机冷端优化系统和当量运行时间监测系统以及天然气和负荷预测等系统
2	国能宿迁发电厂、国电东胜热电厂	提出ICS—MIS两层架构，在ICS中进行数据挖掘和优化控制	将SIS功能下沉至DCS层建设指标运行优化系统，包括氧量、端差等控制值自学习自寻优，对煤耗、汽轮机热耗等关键指标进行实时计算并展示，对影响因素量化分析和偏差预警，指导运行参数实时调整

续表

序号	电厂	实施方案	技术路线
3	国能石狮发电厂	INFIT协调优化系统及低负荷经济性优化策略	采用预测控制、神经网络、智能前馈等先进控制技术，设计、集成、组态一套完整的、独立于DCS的协调品质优化控制系统
4	江苏利港发电厂	智能监盘	利用SIS系统将生产运行数据存储在管理信息大区进行数据挖掘与分析建模之后，将模型下沉至DCS，进行运行监盘指导
5	京能高安屯热电	指标寻优	对机组历史运行数据进行各种运行工况和运行状态的寻优，通过对机组运行最优方式的不断挖掘和差异对比，指导运行调整，提升机组经济性能
6	国电投沁阳发电	发电机组生产监视及管控一体化信息系统	将实时数据秒级采样与存储，实现全新的工艺流程展示方式，趋势图辅助验证测点报警明细，能耗寻踪-能量损耗指标分解等功能
7	华润湖北发电厂、华润徐州发电厂	润优益智能寻优指导系统	通过润优益智能寻优指导系统，进行基于综合最优工况判别技术下的动态标杆值分析及在线寻优指导，主要应用有能耗分布分析、能耗寻踪、技术监督重要指标管理等

数据信息挖掘与SIS系统的深度开发应用在智能化电厂中大体有8个方面的应用，分别是性能监测、耗差分析、指标运行优化、燃烧优化、吹灰优化、冷端优化、智能监盘、工艺流程展示等方面。

从实现方式来看，大部分电厂利用SIS系统将生产运行数据存储在管理信息大区进行数据挖掘与分析建模，优化结论指导生产运行。也有少量电厂改变了传统的DCS—SIS—MIS的架构，提出了智能优化控制，业务架构变为ICS—MIS架构，数据挖掘和优化控制直接在DCS中完成，实现大量生产优化的闭环。

A.4.4.2 应用中存在的问题

运用生产数据挖掘进行优化控制的案例虽然比较多，但是真正能够进行闭环控制的高价值成熟应用比较少，基于数据分析层面的业务应用较多地在试点和摸索阶段，更多地还停留在实现大数据存储、数据梳理阶段。

多数企业目前面临原有生产实时数据库存量大，访问性能偏低、存量数据价值充分利用不足等问题。是否采用大数据平台需要和用户实际的业务量相结合，需要充分考虑对当前、未来几年的数据增长情况，存量数据使用情况、各种方案建设成本、运维成本等要点。

A.4.5 锅炉燃烧监测设备

近年来，基于光学图像、光谱、激光、放射、电磁，以及声学、化学的各种先进检测机理的炉内测量技术实用化研究进展较快，在炉内煤粉分配、煤种辨识、参数分布、排放分析等方面为多目标全局闭环优化控制创造了条件。同时随着计算机技术的快速发展，先进智能控制技术也逐步进入实用化阶段，伴随各类灵活可靠的优化控制平台载体的推广应用，电站控制参数的智能优化技术得到了快速的发展，并推动了DCS的功能改进与能力提升。

通过系统性整合基于先进机理的检测技术、智能控制算法、软测量及智能寻优技术，实现燃煤锅炉炉内温度、氧量、一氧化碳浓度等燃烧参数空间分布的实时测量与自动调整、燃烧器煤种在线识别、风煤参数与布局自动配置、锅炉效率在线软测量、效率环保指标综合寻优、最优目标预测控制等技术手段，最终达到安全环保约束条件下锅炉燃烧效率的实时闭环最优控制。

A.4.5.1 锅炉燃烧监测设备应用情况

火电机组锅炉燃烧状态的检测和评判对生产过程十分重要，目前，在实际的工程应用中，通常采用数字式火检或图像型火检对锅炉的燃烧状态进行评判，但其难以适应多变的燃烧工况，无法辨识出因各种因素导致的火焰飘逸等问题。也有一些先进的检测技术辅助应用于炉内检测，如低频率电磁波检测技术、超声导波检测技术、相控阵检测技术、热成像技术以及远场涡流检测技术等。在调研的电厂中，大唐南京发电厂安装了锅炉CT监测系统，通过对锅炉燃烧系统的评判计划进行辅助优化。调研结果显示，基于激光测量炉内温度场的技术路线目前存在激光无法对准的情况，在60万以下机组尚能使用，在60万以上机组则无法正常使用。

中电投新疆五彩湾发电厂基于声波测温的火焰中心控制系统，为了获取燃烧控制优化所必需的数据，除了电厂DCS中本来已有的实时数据，加装德国BONNENBERG+DRESCHER公司的声波测温系统。该系统用于测量折焰角下方一个平面的二维温度场分布，从而获得炉膛内燃烧温度以及燃烧是否均匀（燃烧火球是否处于炉膛中心）的信息。

A.4.5.2 应用中存在的问题

锅炉CT及燃烧优化系统，因装置布点仅一层，在运行中出现激光不能够穿透炉膛、激光接受装置由于不能对准发射装置导致接受不到激光信号等问题，导致在实际应用过程中尚不能发挥作用。因此，锅炉CT作为一种对锅炉燃烧系统的检测装置，其检测及诊断效果的真实情况还需进一步验证。

A.5　智能检修应用

A.5.1　故障预警与远程诊断

电厂机组故障分析与操作记录文档是宝贵的信息资源，利用结构化存储与检索调用技术可以形成可用资源，结合语义识别等数据利用技术，关联机组运行的实时、历史数据，实现故障诊断与实时预警。同时利用远程专家AR（增强现实）互动平台系统，引入云平台数据挖掘资源，可便捷实现跨地域的专家共享与数据共享。在厂内知识信息管理、技术监督远程数据平台、专家网络移动式互动共享平台等技术载体支撑下，利用数据挖掘与风险预测、实时风险预警设置、全局风险预警设置等技术手段，实现区域或集团层面的设备状态智能管控系统。

A.5.1.1　故障预警与远程诊断技术应用情况

在调研的18家电厂中实施故障预警与远程诊断技术相关建设工作的电厂有10家应用，超过调研电厂总数的50%，分别是转机设备振动监测、锅炉系统在线诊断、设备状态管理、设备故障分析，实现现场或远程故障诊断分析，见表A-10。

表A-10　故障预警与远程诊断技术实施情况

序号	电厂	实施方案	技术路线
1	京能高安电热电厂	趋势分析、辅机评价、故障库	设备故障预判及报警、设备故障定位、自定义增加故障库、自定义故障判断逻辑设置
2	华电莱州发电厂	转机设备性能劣化、实时预警、故障分析	转机设备上加装测点，建立基于机理、分析融合的设备诊断分析模型，对设备运行数据挖掘利用，实现系统运行模式和运行参数优化
3	国电东胜热电厂	智能监测、报警、诊断分析处理、在线性能分析等	加装加速度振动探头，通过线监测与诊断、专家故障知识库、大数据分析算法，实现故障分析、识别
4	国能宿迁发电厂	可视化汽轮机与可视化大型转机故障监测与诊断	应用设备故障监测与诊断、智能预警与报警、二维+三维联动监视等技术，以不同颜色可视化显示，实时监测、诊断转机运行状态
5	江苏利港发电厂	追踪参数实时值与标杆值偏离度、五个维度实时评定机组三级健康度	基于数据分析、热力计算、运行经验对全参数建模，根据安全性、经济性、可靠性、参数实时值与标杆值的偏离度、分析系统性故障五个维度的近万个模型，构建智能监盘系统

续表

序号	电厂	实施方案	技术路线
6	华润徐州发电厂	基于设备管理、服务运营管理的工业大数据分析与诊断云平台	设备预警、高级诊断、可靠性为中心的维护、技术监控、自动优化、能耗分析、负荷优化、燃料分析八功能应用模块和大数据分析模块，完成预警、诊断、状态检修间的功能融合
7	大唐泰州热电厂和南京电厂	依托于DCS或SCS建立的数据平台	对轴承异常震动等现象进行预警，故障诊断，把数据传给集团科研院所分析，出报告
8	浙能台州第二发电厂	基于智能化电厂业务赋能服务系统构建，对生产历史数据进行建模	通过数理非正常模式识别和设备故障推理模型，对设备异常现象进行故障风险推理，定位高风险故障

华电莱州发电厂通过在转机设备上加装测点，提取特征数据，对设备运行数据充分挖掘利用，评估设备状态，建立转机设备故障预警及分析系统。利用设备机理知识、专家经验及各设备单元运行数据，建立基于机理、分析融合的设备诊断分析模型、设备专有特性曲线、节能模型。通过设备诊断模型和设备特性曲线，对各设备单元进行状态检测，实现设备故障的性能劣化、实时预警、故障分析定位、节能分析管理，实现系统运行模式和运行参数优化。通过诊断系统提前发现循环水泵、送风机两次缺陷的问题预警，为本次调研过程中该类应用少量的有效案例。

国能宿迁发电厂在智能监测诊断方面做了全面的规划设计，通过应用设备故障监测与诊断、智能预警与报警、二维+三维联动监视等技术，实现设备与工艺系统的智能监测与诊断，达到智能监视的目标，目前实现了可视化汽轮机与可视化大型转机故障监测与诊断，通过对转机设备轴系各种动静间隙的实时计算，以透视的方式实时监视各转子的运行状态，并以不同的颜色显示。从监测画面上可以直观地判断机组常见的不平衡、不对中、油膜涡动、汽流激振、部件脱落、松动和碰磨等故障，具有形象生动、易于理解和准确可靠的特点。

国电东胜热电厂通过加装加速度振动探头，实现机组主要转机的在线监测与诊断，构造了专家故障知识库，并结合大数据分析算法，智能发电平台（国电智深ICS）上实现50余种故障的根源分析、自动识别以及处理。

京能高安屯热电厂将主要辅机列为故障库的研究对象，搭建故障库管理平台。平台具备故障库经验导入、特征值提取和匹配度审核、故障预警推送以及故障经验的准入和优化机制。通过对设备的数据建模和机器学习，努力实现参数实时趋势预警和状态诊断，指导运行和检修。

大唐泰州热电厂及大唐南京发电厂依托于DCS或SIS建立的数据平台，为专业分析如设备异常预警、排温异常、振动故障检测等提供通用数据接口，建立了重要转机设备健康监督体系，能够对轴承异常震动等现象进行预警、故障诊断，并把数据传给集团科研院所（华东院）分析，可每月出整改报告。

江苏利港发电厂深入挖掘海量历史运行数据，基于数据分析、热力计算、运行经验对全参数进行建模，再通过安全性、经济性、可靠性、动态追踪参数实时值与标杆值的偏离度、分析系统性故障等五个维度，对设备、系统、机组三级健康度进行实时评定，对异常征兆进行预警，该系统包含了近万个设备健康状态评估和故障诊断模型。并将这些模型在DCS上做深度扩展，开发了智能监盘系统，应用这些模型可以代替运行人员监视、分析参数，将设备早期故障预警实时推送给运行人员，运行人员只需关注计算机分析的结果，进行调整控制，不再需要通过传统的翻画面、组趋势、查报警方式进行监盘。

华润徐州发电厂实施了监控集中监测与分析专家系统，基于设备管理、服务运营管理的工业大数据分析与诊断云平台，设备预警、高级诊断、以可靠性为中心的维护（RCM）、技术监控、自动优化、能耗分析、负荷优化、燃料分析八大功能应用模块和一个大数据分析模块，通过汇集海量生产数据，采用机器学习、人工智能等先进算法，实现集团级火电机组在线分析和诊断，初步体现应用效果，完成预警与诊断、诊断与状态检修之间的功能融合。

浙能台州第二发电厂设备智能预警诊断基于智能化电厂业务赋能服务系统构建，预警应用主动及时发现设备潜在异常；诊断应用快速剖析异常、准确定位故障，给出处理措施和纠正预案。通过对生产历史数据进行建模，构建针对正常数据集合的状态智能预警模型；构建针对已知异常、缺陷、故障数据集合的智能识别模型和分类判据模型。通过领域知识移植、相关系统抽取、业务专家知识转化三种方式集成构建设备故障机理知识库。通过数理非正常模式识别和设备故障推理模型对设备异常现象进行故障风险推理，定位高风险故障，经过专家确诊后，完成相关信息推送和管理流程发起。

中电投新疆五彩湾发电厂智慧检修主要包括故障早期预警系统（DPP）、基于可靠性的状态检修系统（RCM）、智能传感器网络三个子系统。故障早期预警系统（DPP）结合过程大数据分析，对监测对象的实时状态进行模型建模、监控预警，比常规故障预警系统更早发现设备异常，为检修人员提供更长的故障应对时间。基于可靠性的状态检修系统（RCM）构建专属风险防范矩阵，基于机器学习理论和威布尔分布对设备检修策略建模，为机组一百多个设备建立最优检修模型，量身定制检修策略，解决设备过修和欠修问题。智能传感器及无线传输网络，为重要辅机、开关柜收集设备加速度、振动以及温度等分析数据，结合设备精密诊断，定向诊断，完成故障实际判断工作。

A. 5. 1. 2 应用中存在的问题

故障预警及远程诊断系统需要结合大数据分析、人工智能等先进技术支撑，现阶段还处于初级阶段，研发成本较高，实现难度较大。且该类应用的建设效果主要依赖良好的预警数学模型以及大量的数据支撑，而一个电厂对某个设备或者某种工况下所拥有的数据量有限，尤其是负样本更少，导致建立的数学模型不准确，泛化能力弱，误报率及漏报率比较高。

大数据平台基于对海量历史数据的分析，通过数据特征对将来的运行和趋势进行预判，这种分析方式建立在“所有的故障都是有征兆的，在一个相对状态下发生错误，这种错误是会重现的”。按照以上分析方式，大数据平台在给出预警或异常之后，只能向用户反馈在历史的某一个时间点上出现过类似的运行状态，并且此状态引发了设备异常。这种解释方式往往无法提供给用户更多的运行帮助和检修帮助。可以通过将数据分析的范围和数据的分析边界通过电厂原理进行约束，结合“设备相关性/系统相关性”的分析结果进行问题定位，实现在系统出现报警的同时给出设备的报警原因和设备上下游的相关联情况，从而确认报警的根本问题。建立检修指导数据规范，通过设备检维修标准实现设备问题和检修方式的关联，同时提供系统自学习方式，自动记录用户在出现报警后的系统操作方式，作为检修指导的一部分。

A. 5. 2 智能巡检系统

日常的厂区巡检是电厂安全稳定运行的基本保证，伴随着电厂整体智能化水平的提高，使得智能巡检相关的工作得以顺利进行。智能巡检的核心目的是使用机器替代人或辅助人完成巡检任务，减轻巡检人员的负担，达到减人增效的目的。目前智能巡检的技术路线有智能巡检机器人、巡检无人机、无线智能测量技术、巡检 App、VR/AR/MR 应用等。

结合巡检人员智能终端，借助图像识别与无线通信技术，实时关联缺陷管理数据库，可实现现场设备的智能巡检与自动缺陷管理。在技术成熟时，借助各类型机器人的应用，可实现无人化的智能巡检方式。其中涉及的关键性技术还包括设备参数自动识别、信息可视化记录存取、异常数据实时归档、巡检人员实时定位、现场风险预警、数据加密传输等。

巡检 App 大部分实现的方式是通过扫描设备的二维码自动记录设备数据并生成巡检报告。巡检机器人通过在机器人上搭载各种传感器实现检测功能，搭载摄像头检测异常情况的发生，比如设备的跑冒滴漏、人员入侵、环境异常情况等，智能麦克风检测设备的异常声音，温度传感器检测设备的温度情况，压力传感器检测设备的压力情况，激光雷达检测环境。巡检机器人分为轮式机器人和轨道式机器人，目前应用的主要场景有输煤廊道、汽轮机、锅炉厂房等场所。

A.5.2.1 智能巡检系统应用情况

调研电厂实施智能巡检建设的电厂有9家，实现的技术路线有三类：巡检机器人、巡检App、AR技术的应用，见表A-11。

表A-11 巡检方案

序号	电厂	实施方案	技术路线
1	华能汕头发电厂	轨道式输煤廊道机器人	巡检机器人
2	华润湖北发电厂	在汽机房0m层、汽机房1m层、输煤区域使用巡检机器人。具有温度检测、声音识别、视频处理能力、压力检测等功能。配备全景摄像头和补光灯、3D激光雷达、高清摄像头、红外摄像头、升降云台	巡检机器人
3	国电东胜热电厂	开发设备二维码全寿命周期管理App。在汽机厂房、锅炉厂房、输煤廊道、煤场区域使用巡检机器人识别设备跑冒滴漏现象	巡检机器人、巡检App
4	大唐南京发电厂	智能巡检App	巡检App
5	国能宿迁发电厂	智能巡点检系统与三维虚拟电厂结合	巡检App
6	中电普安发电厂	使用AR眼镜实现设备资料查看、操作流程指引、参数读取与自动识别	AR技术
7	华能营口热电厂	基于人员定位系统开发针对输煤系统的手机巡检App，对佩戴定位卡的巡检人员巡检路线及巡检时间进行检查，有问题则通过手机App及PC端软件报警提示，可查询任意巡检人员历史巡检轨迹	巡检App、人员定位
8	大唐泰州热电厂	开发手机巡检App，可以查询巡检人员的工作时间、轨迹和相应的设备运行数据，还可以定位到巡检人员、设备的具体位置、设备的状态、设备异常情况的发生时间和及时调遣处理情况等，统计结果可以通过各种业务报表的方式打印出来	巡检App、人员定位
9	江苏利港发电厂	智能巡检App具有巡检任务下发（巡检路线、巡检时间、巡检设备）、数据采集、数据上报、数据自动统计等功能	巡检App

调研电厂中使用巡检机器人的电厂有5家。华能汕头发电厂使用轨道式输煤廊道机器人实现输煤廊道的自动巡检，长度约有3km，该机器人带有12个摄像头等传感设备，进行线路的全自动巡检。机器人后面增加一个刷子制成清扫装置，减少粉尘对机器人轨道的影响。煤场环境恶劣，输煤线路长且有上下坡，项目实施后能解放人并提高巡检频次，在一定程度上实现减人增效的目的。华润湖北发电厂在汽机房0m层、汽机房1m层、输煤区域使用巡检机器人。具有温度检测、声音识别、视频处理能力、压力检测等功能。配备全景摄像头和补光灯、3D激光雷达、高清摄像头、红外摄像头、升降云台。国电东胜热电

厂在汽机厂房、锅炉厂房、输煤廊道、煤场区域使用巡检机器人识别设备跑冒滴漏现象。

使用 AR 技术开展 AR 眼镜智能巡检工作的电厂只有中电普安发电厂。基于 AR 技术的专用 App 或 AR 眼镜，依托现场工业 Wi-Fi 网络，实现自动识别设备，现场实时获取 DCS 运行参数、现场录入运行巡检、精密点检的相关信息，查看设备的相关资料，操作流程指引，还可以给出设备参数的正常值，巡检人员直接查看读数与正常值比对，实现智能点巡检管理和远程作业指导。

国能宿迁发电厂智能巡点检系统用户可配置巡检路线、巡检时间、巡检设备、需要确认和录入的信息及参数。系统根据巡检周期自动生成巡检任务，并推送至相关岗位人员。建立巡检区域三维模型，根据系统巡检路线及巡检设备设置自动在三维模型中进行标注。通过在巡检路线部署定位装置，实时监测巡检人员巡检位置，展示在三维模型中，并可以随时调出巡检人员历史巡检轨迹及实时巡检动作。巡检中，自动提醒当前设备在当前时间有相关缺陷、工作票记录等。在巡检过程中，集控室可与巡检员语音对讲，并可通过视频进行监督。巡检人员到达某个巡检区域后，系统自动识别该巡检区域内的巡检设备、巡检项目，同时可即时查看每个巡检项目对应的巡检标准和技术规范，最大程度提高巡检工作智能化水平。巡检数据通过 eLTE-1.8G 网络实时上传，录入的参数能实时与 SIS 对应数据比对，误差超过范围报警提醒。与该参数阈值比对，超出阈值报警提醒并能及时创建缺陷。在巡检路线上设有危险点预警功能。将存在井、坑、孔、洞的危险点自动关联到移动智能终端的巡检线路上。巡视人员进入工作票及工作任务单所列的区域时，巡检路线上会自动弹出危险点警示，提醒巡视人员注意自身的安全。

大唐泰州热电厂通过与巡检过程、手机应用（App）集成实现巡检过程智能化管理。巡检时，手机上设有巡检路线、巡检项目、巡检周期、巡检标准、巡检时危险因素等信息，通过对巡检人员定位实现信息传送。当巡检人员靠近巡检路线上的安全隐患时，手机会自动报警，提醒人员注意安全，避免不安全事件发生。对巡检人员的定位，还可以了解巡检人员的动向，解决巡检人员外出不可控的问题，实现了对设备巡检的次数、周期和到位情况的监管。

江苏利港发电厂基于智能手机的设备巡点检管理可通过对设备运行状态数据（包括设备的状态、缺陷、现场数据）的现场采集、自动上报和统计分析，建造出一条从现场操作层到专业管理层、再到单位决策层的“信息高速通道”，为设备状态检修提供翔实严肃而可靠的基础数据和统计分析结果。巡检数据保存支持离线工作方式，巡点检完成后一键更新数据到 ERP 系统。可将路线、设备等相关路线信息下发到智能手机端，巡检路线变化时同步更新，点检根据周期更新。选择巡检路线，扫描管理点二维条形码，记录操作人、操作时间、操作方式，也可手工方式进入。可记录异常项目情况及巡检时间，并拍照上传，图片与巡检项目关联。可以查询漏检项目，进行补漏。

A. 5. 2. 2 应用中存在的问题

在应用巡检机器人实现对厂区的智能巡检的过程中，由于机器人本体不稳定，经常出现各种故障问题，导致机器人本体的可靠性下降。巡检机器人是通过在机器人本体上搭载各种传感器设备检测现场环境，比如摄像头，但是图像识别技术本身在电厂领域使用就有局限，直接导致机器人巡检存在不确定性。电厂现场环境复杂，有些地方需要搭设轨道式机器人，成本比较高，有时需要根据现场实际需要在巡检机器人与固定摄像头之间取一个性价比折中方案。

使用基于定位系统的智能巡检方案时，需要考虑定位系统的精度，如果定位系统的精度不足，那么基于人员定位的巡检路线监测、危险源提醒等功能将不能正常使用。

目前AR技术大部分应用于娱乐领域，而工业领域对技术的性能要求比较高，所以应用于工业领域仍需验证其实际效果。但AR技术在巡检的使用是一种大胆而具有创新性的尝试，在合适的业务场景使用将使巡检变得更加便捷。

A. 6 智能经营应用

A. 6. 1 智能燃料与智能煤场

煤炭作为燃煤电厂的“粮食”，是燃煤电站的主要成本输入，其重要性不言而喻，煤品质的好坏与供应的稳定直接影响到机组运行的经济与安全。煤炭可以称作是电厂设计、建设与运行的“起源”，锅炉的设计、制造，以及相应配套的各类主、辅机均是以设计煤种作为出发点。煤场物理空间广，采制与管理工作量大，同时用煤种类繁多，变化频繁，配煤掺烧与适应性调整操作繁琐。输煤系统作为燃煤电站主要辅助系统之一，具有涉及设备众多、控制与运行方式独特等特点，随着近年来自动化水平的不断提高和现场对掺配煤的迫切需求，输煤系统的智能化已日益受到关注。

一般而言，火电机组煤场仅指储煤区域及相关设施（如封闭煤场及所包含燃料等），广义上讲，智能煤场建设应包括或覆盖输煤系统从接卸到配煤各个环节的智能化。智能煤场通过应用智能识别设备、计量设备、采样设备、制样设备、化验设备、传输设备、煤样存储、盘煤设备、定位设备等智能化终端设备，实现集燃料智能采购、智能调运、智能接卸、自动计量、采制一体（自动取样、自动制样、标准化验/无人化验）、数字煤场、智能掺配、机器人自动巡检等为一体的燃料智能管控系统，涵盖采购、调运、验收、接卸、煤场管理、配煤掺烧各环节，实现燃料管理控制智能化，生产流程透明化、规范化，打通信息通道，实现数据自动采集与智能分析，杜绝人为因素干扰，提升燃料管理效能。

目前智能煤场的建设方案比较成熟，数字化煤场通过应用激光定位技术、网络通信技术、先进算法技术、多传感器集成、数据采集等技术，实现火电企业的燃料采购、运输、验收、贮存及配煤掺烧多个环节的数字化管理，通过信息化、自动化、三维可视化管理煤场存煤信息、煤场设备、作业人员，为精益配煤掺烧提供有力的数据支撑。无人化采制样通过智能机器人和自动化设备实现“采、制、化”全过程的无人化管理，通过自动化设备，排除了人为不确定因素，而且无人化制样可以自动制备存查煤样，从而实现对在线分析结果的校对功能。智能配煤掺烧系统，通过建立科学、闭环的燃煤耗用管理体系，以掺烧反向指导燃煤采购、发电运行，提高燃煤数据对生产经营决策的支持能力。针对在不同负荷及运行参数条件下，生成合理的配煤方案。根据下达的掺配方案跟踪每个煤仓的上煤情况，结合机组运行参数对方案实际情况进行反馈。

火力发电面临剧烈变化的今天，只有符合一线操作和运行人员需求的技术，才能在日后的发电新态势下存活和发展。作为火电厂智能化建设过程中极其重要的一个环节，智能煤场的提出是对需求侧响应的良好回应，其中包含的无人接卸、采制化一体、存储煤无人值守和自动掺配煤等环节，真正起到了解决现场需求的作用，在降低人员劳动强度、减少人员伤害、减轻工作危险性的同时提升了整个系统的可靠性和经济性，提高了输煤系统自适应、自控制、自调节等智能化水平。

A. 6. 1. 1 智能燃料与智能煤场应用情况

国内多家电厂已开展了智能煤场建设，在调研的 18 家电厂中实施智能燃料相关建设的电厂有 11 家，包括国能宿迁发电厂、江苏利港发电厂、华能汕头发电厂、中电普安发电厂、华能营口热电厂、华电莱州发电厂、国电投沁阳发电厂、国电东胜热电厂、华润徐州发电厂、浙能台州第二发电厂和中电投新疆五彩湾发电厂。上述各家电厂在智能燃料系统建设中各有建树、各具特点，均以需求作为出发点，以减员增效和提高系统安全性、灵活性作为导向，进行智能化改造后均取得了效益，具体建设内容见表 A-12。

表 A-12　　智能燃料与智能煤场建设情况汇总

电厂	来煤计量	采制化				来煤接卸	输煤	储存	配舱	入炉	采购	调运	燃料管理
		采制一体	自动制样	自动存取	标准化验								
江苏利港发电厂	√	√	√	√	√	卸船半自动	输煤巡检	数字煤场	智能加仓		数字化采购	√	√
国能宿迁发电厂	自动计量	√	√	√	√	智能接卸	√	数字煤场	智能掺配		智能采购	阳光调运	√

续表

电厂	来煤计量	采制化				来煤接卸	输煤	储存	配舱	入炉	采购	调运	燃料管理
		采制一体	自动制样	自动存取	标准化验								
华能汕头发电厂	√	√	√	√	√	√	输煤廊道机器人	数字煤场	√				√
中电普安发电厂	√	√	√	√	√	汽车煤自动接卸		数字煤场	配煤掺烧、输煤加仓		采购计划	车况调运	结算管理
国电东胜热电厂	√	√	√	√	√	汽车煤自动接卸	输煤廊道机器人	数字煤场	√	入炉煤实时监测			√
华能营口热电厂	√	√	√	√	√	智能接卸	智能输煤系统	智能化煤场管控	智能分仓				厂测燃料全过程
华电莱州发电厂	√	√	√	√	√	√	输煤程控升级	煤场智能管理	√	入炉煤实时监测		下水煤调运	√
国电投沁阳发电厂	入厂计量	采样点监控	√	√	化验室网络，平行样预警	监卸管理		堆取料无人值守	智能掺烧				集中管控中心
华润徐州发电厂	√	√	√	√	√	接卸寻优	√	智能煤场	智能配煤掺烧	入炉标单实时寻优	采购寻优	√	三线一流
浙能台州第二发电厂								√					√
中电投新疆五彩湾发电厂							智能巡检机器人						

江苏利港发电厂围绕生产智能化建设了智能燃料系统，包括卸船半自动，数字煤场，斗轮机无人操作，输煤巡检，智能加仓，数字化采购。通过 DCS 改造实现管控一体化；通过煤场激光测量、输煤系统自动计量实现全过程数字化；通过视频系统实现生产可视化；通过半自动卸船、机器人水尺、机械化（机器人）清仓、机器人巡检、输煤沿线设备优化、大型机械自动作业实现生产智能化。

国能宿迁发电厂建立了智能燃料管控中心，建设了集智能采购、阳光调运、自动计量、采制一体、自动制样、自动存取、标准化验、智能接卸、数字煤场、智能掺配为一体的燃料智能管控系统，涵盖采购、调运、验收、接卸、煤场管理、配煤掺烧各环节，实现了燃料生产和管理控制集中智能一体、信息自动贯通识别、过程规范阳光可视。智能煤场管理包含入厂煤管理、入炉煤管理和审批审核三个主要环节。其中，入厂煤管理包括水运入场总览、采样监控管理、制样监控管理、存查样监控管理、气动传输系统、化验室管理、视频监视管理、水运来煤管理、来煤预报管理、基础数据维护10个方面；入炉煤管理利用可靠采样设备和信息化手段，实现入炉煤自动准确计量和传输，以及化验数据自动提取、记录、生成报告。

华能汕头发电厂智能煤场建设包括斗轮机无人值守等，实现了露天煤场内的自动取煤、自动盘煤、智能掺配煤等功能，大幅提升高工作效率，明显减轻煤场人员劳动强度，尤其将原有恶劣环境中工作的斗轮机无人值守，减少恶劣工作环境对人的伤害。还通过对输煤廊道进行重新布置，使用轨道式输煤廊道机器人，实现了输煤廊道无人巡检。能够覆盖全廊道长度（约有3km），通过机器人携带的包括摄像头、红外、音频、有毒气体检测等传感设备，可实现12项功能检测。同时利用分布式充电装置，能够实现线路的全自动巡检，机器人后面增加一个刷子制成清扫装置，减少粉尘对机器人轨道的影响。

中电普安发电厂实现了基于数字化煤场和采制化全过程信息管控的智能燃料管理。融合燃料ERP结算模块，建设一体化智能燃料管理平台，将采购计划、车矿调运、采样接卸、制样化验、煤场管理、配煤掺烧、结算管理等业务全流程整合，把燃料、采制化设备、煤场、电厂管理人员、煤场设备通过信息流有机联结起来，构成完整的一体化管控与辅助决策体系，实现全生命周期、全方位、可视化、智能化的高效闭环管理。建设了全自动汽车煤采样机、全自动汽车衡、全自动集样封装系统、全自动集样传输和暂存系统、全自动制样机、在线全水系统、全自动存样柜、气动样品传输系统、智能化验数据采集系统等，实现制、存、取样过程的无人化管理、采制化数据的自动采集。针对业务人员开发部署矿发、司机、验收、管理等4个App，实现全部业务移动化。基于等高线形式数字化煤场建设全自动斗轮机系统，真正实现减员增效、精准掺配和实时盘点。斗轮机上装有3个激光摄像头，实时成像建模，实现实时的堆型检测。

华能营口热电厂建设了整套的智能煤场体系，主要包括智能化生产管理、智能化燃料管理、智能化安全管理系统、智能化巡检管理，在燃料调运、翻卸、转运、煤场管理、掺烧配煤、采制化、安全管理、生产数据考核管理等实现了全流程信息化管理，燃料的生产管理初步形成了“智能工厂”模式，主要包括10大系统：①输煤系统智能配煤及全自动流程启停；②输煤运行生产考核管理系统及分炉分仓分区域计量系统；③输煤系统集中监控及照明系统全自动控制；④输煤全自动喷淋除尘系统；⑤翻车机卸车系统全自动运行及轨道衡系统全自动运行；⑥智能化煤场管控系统；⑦全自动无人值守采样系统；⑧厂侧燃料全过程；⑨智能安全人员定位及动态检修巡检管理系统；⑩输煤系统智能人员及车辆管理系统。

国电东胜热电厂在原有的无人采制基础上，通过运用图像识别、深度神经网络等技术，在输煤廊道和煤场等区域，建设完成了数字化煤场、输煤廊道巡检机器人项目。利用先进检测技术，实现燃料输送过程全方位检测。利用基于软测量模型的炉内煤质检测，作用于锅炉燃烧控制逻辑，大幅改善控制系统性能。采用次红外技术的入炉煤实时检测系统，结合数据分析建模，实现入炉煤煤质的实时检测，以及采用三维激光探头的数字化煤场系统，在深度学习算法的支撑下，实现煤场无人盘煤。

华电莱州发电厂将物联网、数据挖掘、全球定位等先进信息技术和自动化技术应用于整个燃料过程，建立了包含接卸、存放、提取、输送、验收等环节的智能燃煤岛，实现感知生物化、作业自动化和决策智能化。智能燃煤岛整体由软件及模型开发、煤场智能管理系统、堆取料机无人值守、入炉煤在线监测系统及输煤程控 DCS 升级改造构成。实现了精确掺配、煤场精确分区管理、精确堆取料作业、高效配煤；优化了煤场管理、库存结构、提供采购决策依据、提高作业效率；提高了作业效能，降低人工成本，在同一煤种下，预期智能燃煤岛实施前后可以有明显的降耗结果，在达标排放的前提下实现降低度电能耗。

国电投沁阳发电厂建立燃料智能管控系统，采用现代信息技术和物联网技术，将燃料管理环节通过信息流有机联结起来，实现设备自动运行、无人值守，管理数据自动生成、网络传输，工作全程无缝对接、实时监控，实现燃料管理全过程自动化、信息化、数字化，提升燃料管理水平和管理效能。

华润徐州发电厂建立了燃料全价值寻优系统，为厂内燃煤接卸、掺配、最终实现对多种煤掺烧的有效控制，达到降低燃料生产成本目的。系统分为煤场管理（智能煤场管理）、来煤接卸、配煤掺烧（智能配煤掺烧）和寻优决策（智能寻优决策）四大模块，并分别寻优，根据燃料物理环节最终实现整体寻优。在燃料验收管控领域建设燃料验收智能化系统，实现输运线、样品线、燃料线和管理信息流的“三线一流”智能化管控。

浙能台州第二发电厂智能燃料系统主要由智能燃料管理系统、智能燃料盘煤系统、智能燃料指挥调度系统、堆损智能检测系统组成。围绕智能配煤掺烧的研究和功能开发核心，实现整个燃煤运行生命周期的闭环管理。围绕燃料高效使用和优化管理，建立燃料特征码全程追踪模型，实时掌握燃煤动态信息。对每个批次的不同煤种，根据电厂、船名、年度、航次、煤种生成一个唯一的特征码；通过特征码紧密关联了燃煤的众多属性，包括煤种、煤质、船名、船次、日期、发货煤量、水尺煤量、煤堆位置、煤堆煤量、煤堆、煤质、入炉煤仓编号、煤仓煤量、煤仓煤质、时间等。通过特征码实现燃料从离港、到港、入厂、入炉及燃烧整个生命周期的智能化管理；根据锅炉燃烧的经济、安全、环保预测及实际分析，反馈到电厂的燃料采购需求，建立一个有反馈的闭环系统，使得发电煤耗、锅炉排放、燃料运行成本之间实现最佳耦合。

中电投新疆五彩湾发电厂输煤廊道智能巡检机器人在燃煤电厂输煤栈桥和配电室适用且确保人员安全、减员增效为原则的要求下实现环境监测，与已有生产运行系统信息交互，完成图像/数据展示、预警、辅助决策、信息统计分析。主要功能有设备状态智能巡检、有害气体和粉尘检测、红外热成像、皮带机运行状态全方位监控、智能自主充电功能等。

A. 6. 1. 2 应用中存在的问题

智能煤场改造难度大。输煤系统存在燃料流转流程长、系统复杂、涉及设备众多、工作环境恶劣等综合性问题，不仅改造资金投入大，而且改造难度大、工程量多，以输煤栈桥无人巡检改造为例，若加装布置方式相对简单的滑轨式机器人，则需要将栈桥中原有布置消防管道、照明系统、钢架结构等整体修改，所配机器人在耦合多项检测功能基础上，还需具备抗尘、抗噪、长续航等高可靠性指标。

各厂针对自身建设情况也提出了具有电厂特征的问题，如部分电厂的输煤系统在翻卸低热值印尼煤时粉尘较大，输煤栈桥内能见度仅在0.5m左右，工业电视监控系统基本瘫痪，因此急需开发一项新的抑尘系统来彻底解决这一问题，提升电厂输煤系统的运行安全性。

由于地理位置、来煤特点、环保指标等差异，不同火电厂智能煤场建设往往具有其独特性，建设模板难以照搬复制。如华能汕头发电厂作为沿海电厂，当地政策对煤场粉尘管控不严格，来煤于露天煤场进行堆放，无人值守斗轮机的定位功能采用GPS方式，具有良好精确度和可靠性，但对于同为一个集团旗下、智能煤场开展较早，并取得良好效果的华能营口热电厂而言，由于地理位置、粉尘排放管控等显著差异，需采用封闭煤场进行堆放，GPS定位则无法采用。

A. 6. 2 智能经营

智能经营类功能是指为实现人、财、物资源利用效率最大化，基于各类安全、生产、经营数据，具备的仓储、运行、设备、信息、安全、竞价、行政管理智能化功能。主要服务于高级决策人员，通过关键指标分析、展示，基于数据挖掘的知识、规律发现，支持决策人员选择最有策略。

从国内各电网的政策应用来看，调峰辅助市场的参与和精细化研究是未来电厂提高自身盈利能力中不可或缺的内容之一。因此，一些电厂基于大数据技术手段，研发基于智慧能源营销管控的厂级经营优化及营销报价平台。经营管理模型平台辅助全年计划电量调整、调峰，辅助服务决策支持，管理全厂经营指标预算、经营指标滚动调整。

A.6.2.1 智能经营应用情况

京能高安屯热电厂基于大数据技术手段，研发基于智慧能源营销管控的厂级经营优化及营销报价平台，辅助全年计划电量调整、调峰辅助服务决策支持。利用电厂积累的四年多的历史数据，进行供热季、非供热季，以及各月份发电负荷率等关键指标规律摸索，从而为辅助调峰市场参与规则，以及公司全年经济利润指标计划安排提供决策依据。在华北电网辅助调峰市场运行规则出台后，首次通过厂侧数据来进行数据建模分析。主要完成了厂内数据模型建立、历史全年电量、负荷率分布模型建立、全年发电任务分配模型建立、大数据分析模型。

浙能台州第二发电厂智能决策系统，主要是对发电企业的成本构成和影响成本变动的因素进行分析之后，以图形化的形式直观地显示数据，包含：

（1）通过计算度电边际成本，生成发电煤耗散点趋势图以及度电边际趋势图；

（2）成本指标报表展示总度电成本日报表月报表以及年报表；

（3）供电利润展示月度日利润以及年度月利润；

（4）对于录入指标的维护可进行历史查询；

（5）度电成本的指标查询、趋势查询，以及对度电成本进行分析，以树状图的形式展示实时成本。

A.6.2.2 应用中存在的问题

电厂在建设过程中遇到如下三个问题：

（1）厂内历史基于辅助调峰市场的数据样本不足。华北网从2018年11月份刚刚启动该辅助调整市场运行，已有的数据样本不够充分，市场运作还未达到稳定成熟期，不能客观反映供热季调峰周期的运行规律。应积累调峰市场数据，积极与主管部门进行沟通，反馈系统存在的问题，提出调整建议。

（2）辅助调峰市场规则不明朗。目前厂内只能通过自身数据来摸索市场规则，电网侧的运行规则了解不够深入，需要进一步积累和学习。应深入电网企业进行调研，积极与电网企业开展合作交流。

（3）网侧数据取得难度很大，对报价模型的建立产生一定程度的影响。

附录B　火电厂智能化应用分析与建议

B.1　基础设施与智能化设备

B.1.1　智能管控平台应用分析与建议

通过管控智能管控平台的建设，在全面、认真分析和研究电厂的物理对象（设备、设施、元器件等）和工作对象（人、流程等）的基础上，从电厂建设和运行的整个生命周期出发，通过整合规划电厂现有生产管理信息化软件、硬件、数据等资源，搭建智能管控平台业务支撑平台。实现生产数据统一管理集中及分发，在实现数据完整性的基础上进行整理及挖掘，分析提取数据集合下隐藏的事物本质，通过直观展现，为电厂的生产决策、日常事务管理等提供数据支撑，为生产、管理、经营等业务提升提供智能化手段，实现电厂经济效益的最大化。

智慧型电厂建设就是利用最先进理论、最先进技术，对电厂设备进行全寿命周期管理，对设备建设期、运维期全生命周期管理，利用信息技术来优化电厂设备管理水平，提高设备利用率，降低检修费用。

重点提升数据处理与融合应用能力，丰富核心算法模块，优化过程对象的控制应用功能；紧密配合先进检测与感知设备应用，跟踪设备技术发展，完善算法容器开发，提升智能化控制回路现场感知与闭环优化能力；提升数据利用价值，打通数据共享壁垒，安全高效协同运行控制系统与运维管理系统的信息交互与作业联动；尽快完善相应的技术标准研究，规范功能研发与技术应用。

B.1.2　现场总线系统应用分析与建议

现场总线网络中承载着海量实时工艺系统过程数据，总线系统的兼容性、稳定性越好，带宽越大，系统的可用性就越好，建设电厂智能化的深度、实现设备故障预警可能性就越大。因此，建设稳定高性能的现场总线网络，对智能化电厂建设、工艺系统控制都有非常重要的意义。

现场总线可在不同时期体现降本增效价值。初期的成本节约表现在较低的总体购买成本、工程设计与安装费用，而长期的成本节约则包括网络化的设备管理所带来的较低的维护及运行成本，还有较低的扩建及改造费用。现场总线的推广意义及应用价值有以下几个方面：

（1）现场总线系统的接线简单，采用总线连接方式替代一对一的I/O连线，又减少了设计、安装的工作量。

（2）现场总线使用户具有高度的系统集成的主动权。不同厂家产品只要使用同一总线标准，就具有互操作性、互换性。现场总线允许其他厂商将自己专长的控制技术，如控制算法、工艺流程、配方等集成到通用系统中去，使系统集成过程中的主动权完全掌握在用户手中。

（3）现场总线设备的数字化，与传统模拟信号相比，从根本上提高了测量与控制的准确度，减少了传送误差。由于它的设备标准化和功能模块化，具有设计简单、易于重构等优点。

（4）现场总线具有现场级设备的在线故障诊断、报警、记录功能，可完成现场设备的远程参数设定、修改等参数化工作；用户可以查询所有设备的运行，诊断维护信息，以便早期分析故障原因并快速排除，减少工作量和劳动成本。

现场总线系统建设，对基建期设计、施工质量要求较高，建议在基建期成立专门的质量管理机构，负责制定详细的设计、施工规范，监督施工中的质量。设计要详细到具体电缆槽盒的走向、布置，物理位置与网络地址要划分清晰，严格对应。施工过程中要坚决按照设计的图纸规范施工，不能图便利擅自改变施工方案，否则在后期调试及生产过程中会留下隐患，且整改起来比较困难；设备的选型方面，尽量减少总线设备品牌的种类，出现问题的数量也少，也比较好处理。根据电厂现场设备实际情况决定采用哪种现场总线。

采用现场总线技术要求热控专业在项目启动初期，就要明确机组主系统和各辅助系统的控制要求，各专业要配合热控专业做好前期工作。例如，为了使现场总线系统的网段划分合理并减少后期修改的工作量，工艺专业应提前进行主设备布置设计或三维系统设计；在主辅机设备招投标时，对所有相关仪表和控制设备都要明确现场总线的技术要求，并在签订技术协议时落实所有细节；为了提高采用现场总线控制的工艺系统和电气系统的一致性和成功率，要求热控、电气一次、电气二次等专业密切配合，协调一致。

现阶段，现场总线在主控系统的应用原则：主机和主要辅机保护的功能不纳入现场总线，如锅炉安全监视系统（FSSS）、汽轮机数字电液控制系统（DEH）、汽轮机紧急跳闸系统（ETS）、给水泵汽轮机控制系统（MES）等；要求快速控制检测的对象和要求时间分辨率高的检测参数，不纳入现场总线系统，如旁路控制系统、事故顺序记录（SOE）等。

利用现场总线系统的现有技术，积极开展现场总线系统在大型火电机组局部控制领域的应用，这样可以更深入了解现场总线系统的技术，对于进一步开发、研究现场总线系统用于大型火电机组的重点、难点。通过工程应用实例，使电厂了解和认识现场总线优越性，这是推进智能化电厂建设的一个可选项。

B.1.3 无线网络系统应用分析与建议

实现厂区的无线网络覆盖，是智慧电厂建设的基础工作，可为今后的各类系统建设提供有效支撑。无线网络建设完成后，生产现场、办公区域均实现了无线网络覆盖。对移动两票、巡点检系统、三维数字化信息管理平台等各种需要移动联网作业的信息系统提供了很好的支撑。另一方面，全厂无线覆盖也为智能盒子的部署提供了便利，智能盒子通过无线接入点将数据传回，使盒子部署不受位置限制，无须再次穿线。总的来说，无线网络建设完成后，为多项应用提供了底层的支撑，间接起到了降本增效的效果。

如果采用 802.11n 覆盖无线网络，成本相对较低，但是传输速率较低，如果要通过无线网络实现高清视频数据的传输，比较吃力，如果采用 802.11ac 标准传输，那么需要更加密集的 AP 部署，因此投入和维护成本较高。无线信号会在穿墙后变差，确保需要无线网络覆盖的房间均有 AP 部署。

所有 AP 都需要通过双绞线与交换机相连，对于厂区较大的生产现场，穿线工作难度相对较大。注意做好 AP 部署的设计，网线长度尽可能短，稳定性会随网线长度增加变差。

建议采用 MESH 网络，提高无线网络覆盖的自由度。随着 5G 技术的发展和普及，一方面可以与电信运营商合作，通过 5G 技术实现厂区无线网络覆盖。

B.1.4 无线智能传感器的应用分析与建议

无线智能传感器采集了所有现场设备管理信息并进行数据挖掘，实现了对设备故障的预测，减少设备损失。对于重要设备进行在线诊断，防止重大设备事故的发生，一定程度上减少了因设备损坏带来的经济损失。据京能高安屯热电厂反馈信息，机组小修一次设备更换设备及人工费用按 600 万元计算，预计每年能减少检修维护费用 300 万元。

无线智能传感器的使用提高了自动化管理水平，加强了运行人员及检修人员对设备信息的监控，减少了运行人员及检修人员的工作强度及工作量，降低人员劳动强度，指导运行人员操作，极大释放人力，减少巡检人员配置，以每值减少 2 名值班员为例，发电厂一般试行五值三倒的工作方式，共计可缩编 10 名值班员，以每人每年 20 万元计算，每年可减少人工费用 200 万元/年。

但无线智能传感器应用首先需要实现全厂的 Wi-Fi 覆盖，并需要大面积地部署无线智能传感器。利用无线智能传感器提高智能监控的覆盖面，通过数据技术进行分析，预知性维修和避免故障的发生。因为采用的是无线信号，会受到设备的遮挡导致部分数据丢失或设备掉线，在部署时应充分考虑好 AP 安装位置，避免上述问题发生。

无线智能传感器所有模块建议采用超低功耗设计，传感器建议选用超低功耗的产品，使传感器节点具有非常低的平均电流消耗，满足一次性锂电池供电方案，以延长维护周期。测量频率不宜过高，否则会影响电池的使用寿命；传感器按需进行采集，在无须采集时进入低功耗深度休眠状态，满足电厂设备在线监测和检测需求。当无线智能传感器大面积部署时，虽然已采用低功耗传感器，但仍然存在需要更换电池的情况，应制定定期维护制度。

B.1.5 智能软测量系统应用分析与建议

软测量技术是电厂复杂的热工过程中，无法直接测量的状态参数通过相关参数的计算间接获得。相对于易受干扰的检测仪表，其测量过程简单有效，如燃煤低位发热量、锅炉入炉煤水分软测量，受热面清洁系数软测量、汽轮机末级排汽量及排汽焓的软测量算法等已有应用。软测量技术在火电厂的进一步开拓应用对热工过程控制水平的提高和系统优化有重大意义。

B.1.6 三维可视化技术应用分析与建议

三维技术的应用可以实现覆盖电厂全生命周期，但在不同阶段目前实现的有效价值差异比较大。现电厂设计期与基建期的有效价值得到体现，生产效应将有待进一步挖掘，如三维数字化档案将所有设备的信息集成于一个系统中，方便数据的管理。三维数字化档案除了具有查询功能外，还可以通过三维模型关联等方式，直接调取指定设备的基本信息及历史档案资料，包括设备的出厂说明书、维修记录、设备参数等一系列有关设备的信息。三维数字化档案是三维数字化诊断、三维数字化协作、三维数字化培训以及增强现实（AR）、虚拟现实（VR）和混合显示（MR）技术应用的基础。

在可视化培训方面，电厂传统培训很难达到预期效果，部分教学无法开展。虚拟仿真平台打破了演练空间的限制，培训者可以在任意的地理环境中模拟培训内容进行演练，将自身置于各种复杂、突发环境中去，在确保人身安全的情况下，卸去事故隐患的包袱，尽可能极端地进行演练，为电厂培训提供了新思路。但仍不能代替传统的培训，三维技术可视化培训的开展与其有效性，到目前还未有效体现出来，更多是当成科研成果和摆设作用。

对三维技术建设提出以下建议：

（1）建设三维数字化档案，应充分考虑到后续的系统可扩展性及多信息源格式的兼容性问题，遵循相应的国际标准建设，使其具有良好的开放性和沟通性。系统应具有权限设置功能，根据人员等级查看不同权限的数据，保障电厂数据安全。建议采用C/S模式建设系统，使用客户端可以实现更好的用户体验，使用浏览器效果较差。

（2）三维模型良好运行一方面需要高配置的电脑，另一方面在于三维模型实现的技术，比如高效的三维交互引擎建立在高效算法、高速芯片技术、高速网络、高效边缘渲染与云端渲染技术的基础之上，只有三维技术的不断进步才能保证三维技术开发的产品能够运行于普通电脑上。所以建议电厂在选择合作开发伙伴时也应考虑对方三维模型的运行对计算机性能的要求。

（3）新建电厂建议在设计期及基建期开始应用三维技术，可进行厂区设计优化、碰撞检查及路径规划，能够节省大量电缆费用。建设隐蔽工程三维模型，为后期厂区施工提供指导。在基建期就做好物品编码工作，实现多码合一，为从基建期到运行期的数字化移交做好准备，实现数字化移交。

（4）三维技术的可视化培训方面，部分功能需考虑业务应用场景所能带来的经济效益是否能够达到预期，也要考虑建设的内容是否可以在全厂范围使用。比如设备拆解图模拟培训。

（5）厂区场景漫游及三维虚拟巡检是巡检新模式，可以在此基础上开发新的业务，最大程度减轻巡检人员的劳动强度，但是目前厂区场景漫游及三维虚拟巡检还不能达到减人增效的目的。比如厂区场景漫游，主要作用是让新员工熟悉电厂环境，但是实际情况是只需新员工在厂区里由师傅带着走几遍就可大致了解厂区情况。虚拟巡检模块目前使用的场景也比较单一，部分功能需要依赖人员定位的准确性作为前提，如果人员定位不准，反馈的实际巡检路线将与预设巡检路线有偏差导致误报。

（6）建设电厂三维模型需要厂家提供设备详细图纸，而部分设备由于厂家技术保密等原因，无法获得详细的图纸。建议在基建初期招标阶段就将提供图纸资料或配合三维模拟培训系统建设等内容写入合同中，从而保证三维虚拟电厂建设工作顺利完成。

B.1.7　移动 App 开发应用分析与建议

随着互联网技术的发展，目前互联网技术已经变革了多个行业，事实证明互联网中的一些新思路、新产品能够提高生产效率、提高生活品质。移动 App 的使用能够满足企业移动办公的需求，快速全面地将移动办公、辅助分析及消息提醒等功能延伸到管理人员和业务人员的手机中，为企业提供移动的实时信息化服务。通过移动应用建设，实现了即时通信、生产日报实时查看等功能，大大提高了日常工作的便利，实现降本增效目的。

调研组在与实施了移动 App 建设工作的几家电厂交流后，得到的反馈是这些移动 App 的使用极大地提高了现场作业的工作效率，员工做事更方便快捷，领导对电厂的管理更加高效。比如中电普安发电厂实现对汽车煤从出矿到入厂的全程移动 App 监控，管理人员能够在移动端获取厂区数据，便于监督与决策。如果能够在政策上给予一定的支持，让大家展开想象做事情，移动 App 的应用必将大大提高电厂的智能化水平。

建议方面，由于移动应用有很多在外网访问的需求，利用传统的 VPN 实现公司内网应用访问操作繁琐不够便利，而将公司服务器暴露在外网增加了信息安全隐患，重保期间需要暂停服务，因此，建议通过防火墙配置好 DMZ 区用于提供外网 App 应用，做好其他相关网络安全配置和系统加固，最大程度降低信息安全隐患；敏感数据和应用禁止在外网环境下使用；做好数据传输加密和身份认证、硬件认证工作。

在信息安全方面允许的情况下，使用如企业微信等平台，借助专业信息化公司的技术和服务，将主要精力集中在系统开发和功能实现方面，更好地利用移动端便利快捷的优点实现电厂所需的功能。

B.2 智能安全

B.2.1 智能安防系统应用分析与建议

厂区配备智能识别算法功能的摄像头，可以监督人员违章情况、设备跑冒滴漏及环境异常情况，实现 24h 自动监测，减轻巡检或者代替部分巡检功能，实现自动监测的功能。现场布置尽可能多的摄像头，实现全覆盖、无死角监控，最大可能地收集现场的有效视频信息。为特殊工况的判别提供良好的技术支撑，及时报警，给生产人员足够的现场信息，减轻人员在事故工况下可能遭受的伤害。视频与多传感器融合，实现异常情况远程实时查看。

基于图像识别的人员行为识别技术也在飞速发展，应用该技术能够判断被监视目标的行为是否存在安全威胁，对已经出现或将要出现的安全威胁，及时向安全防卫人员通过文字信息、声音、快照等发出警报，极大地避免工作人员因倦怠、脱岗等因素造成情况误报和不报，更大地发挥监控系统的威力和功能，切实提高全厂区的安全防范能力。但是目前该技术仍不是非常成熟，更多地应用于游戏场景，在安全性要求极高的工业界落地仍需提高行为识别的准确率，随着行为识别技术的不断提高，预计未来将成为厂区人员行为管理尤其是违章行为识别的重要手段。

定位系统（UWB、门禁、人脸识别等）结合三维数字化电厂实现电子围栏、危险源管理、人员管理（包括外包工管理）、智能两票等功能。两票管理是企业安全生产最基本的保障，通过人员定位、门禁、人脸识别等物联网技术与智能视频等技术，结合三维可视化、电子围栏等，与工作票、操作票联动实现智能两票系统，对人员位置、重点设备及敏感区域的实时监控，从而进行管理。有效解决发电企业安全生产管理过程中，现场人员位置及工作状态无法把控、外包工难于管理、危险区域防护不严等问题。把电厂安全管理从依赖制度及管理体系的被动式管理转变为更加科学的主动式管理。实现人员安全与设备操作的主动安全管控，保障安全生产。

人员定位技术应用于电子围栏，电子围栏的作用是将不同类型的人员隔离于不同的区域内，当有人员误闯某个未授权区域时将有声音、振动、灯光等报警，提示人员离开该区域。应用电子围栏可以实现危险源智能识别、人员活动范围管理、区域统计、人员进出管理、越限报警统计等。对全厂进行区域划分，设定每个员工的出入权限，通过人员定位系统实现人员区域管理。给外来人员发放定位牌，规定其只能进入指定工作区域，实现外来人员管理。

人员定位技术应用于危险源识别，通过对作业人员进行精准定位，在三维系统中实时显示作业人员当前的位置信息，管理人员及时了解现场作业人员位置，当发现现场作业人员靠近危险区域时，能够第一时间发送信息提醒现场作业人员，减少事故的发生，保证人员及设备的安全。

建议方面，对于使用具有智能识别算法的智能摄像头可以在一定程度上辅助人员完成部分监测功能，实现 24h 的自动监测，但由于该项工作需要结合业务现场做持续的算法研究与改进，是一项需要长期开展的工作，所以建议有条件的集团从集团层面培养一支自己的视觉算法团队，针对所辖电厂的实际情况开展智能算法研发工作。

在建设智能识别功能时，应充分考虑其在工业场景使用的准确率及误报率，往往实验室条件下的测试结果与工业现场实际效果有检查，如不考虑工业现场的使用效果，可能存在因为误报率过高或识别准确率不高导致开发的智能识别模块无法正常使用，达不到减人增效的目的。

针对工业现场样本量不足的问题，可利用喷壶、加湿器、花洒等多种工器具人工模拟事故工况，能解决部分样本不足的问题，但覆盖面有限。

电厂在建设人员定位系统时，应充分考虑定位精度、初期投入、维护成本、功耗等因素，根据实际业务需要选择合适的定位技术。有些定位方式需要在生产现场布置较多的 AP 点，AP 安装在设计初期，应与热控、电气等专业共同确定安装位置，避免设备安装过程或试用期间对其他专业设备产生影响，造成难以继续开展工作。部分生产区域 AP 安装固定困难，AP 安装方案应充分考虑现场实际情况，避免无法安装或难以固定情况发生。

国能北京燃气热电消防安保平台将各应用系统集成在一个平台上，中控人员能通过一个平台了解现场多种设备监测的情况。降低了人员配备，提高了报警响应速度，能迅速定位报警点。在建设类似于消防安保平台时，多个系统集成时尽量选择同一厂家设备，采用统一接口开发，便于根据现场情况定置更改，减少因为系统兼容性带来的问题。系统开发时简化中间环节，降低因通信故障带来的问题，优化软件操作方式，便于使用者操作。

B.2.2　工控信息安全防护技术应用分析与建议

工控系统的信息安全是保证设备和系统中信息的保密性、完整性、可用性，以及真实性、可核查性、不可否认性和可靠性等。工控信息安全技术的主要目的是保障智能电厂控制与管理系统的运行安全，防范黑客及恶意代码等对电厂控制与管理系统的恶意破坏和攻击，以及实现非授权人员和系统无法访问或修改电厂控制与管理系统功能和数据，防止电厂控制与管理系统的瘫痪和失控，和由此导致的发电厂系统事故或电力安全事故。

因此需要DCS生产安全和信息安全技术的深度融合，量身定制开发基于国产可信技术的主机安全监管系统，实现主机安全策略配置、基于白名单的进程安全管控、系统状态监视和移动介质接入控制等安全功能；此外还需考虑增设综合审计系统，对支撑业务运行的操作系统、数据库、业务应用的重要操作行为进行记录，针对工控专用网络协议进行审计，及时发现各种异常行为，加以智能分析，进而实现工控系统安全态势的自动感知，有助于实施安全防范、应急处置以及事后追溯，提升系统整体安全和主动防御能力。

B.3　智能生产

B.3.1　智能监盘系统应用分析与建议

在我国发电新态势下，原有电力供应和消纳的供需关系被打破，新能源的大规模并网发电，使原本年利用小时数逐年降低的火电机组面临更加严峻的局面，加之电网AGC调峰考核等电网调度策略，使负荷率长期处于较低水平的火电机组不但要深入挖掘负荷下限，还要满足电网的调度需求。因此，火电企业智能化建设过程中要解决频繁、深度调峰带来的问题：

（1）运行边界条件复杂多变：煤质多变、负荷多变、气候多变、设备多变，导致行业内的寻优经验在机组运行实时调整上的应用难度大。

（2）火电厂一般都是采用小指标竞赛模式进行考核，但小指标竞赛不能全面反映机组经济水平、无法反应指标波动、无法约束运行操作行为、值级间易产生恶性竞争、指标无法分解到人。

（3）多数火电厂依靠值内个人寻优，优秀值别经验无法共享，电科院或行业专家的经验无法得到有效固化。

为此，需要开发在调研的基础上，深入开发针对以上火电机组新形式的智能寻优、评价、指导运行的闭环系统是智能电厂建设中的重点，其核心思想应是将高级统计分析、大数据技术、人工智能等先进理念应用到火电运行管理中，基于稳定性节能理念，引入稳定判据，挖掘机组最优工况，对运行操作量化考评，实现火电厂运行经验数字化转化、存储、继承和应用，通过对机组各个系统运行工况的综合分析与计算，进行机组级和系统级的工况寻优，评估寻优目标（综合气耗、综合厂用电率、生产厂用电率、补水率、污染物排放量、碳排放量等）运行参数的最佳值，指导运行人员进行优化调整，实现机组最优工况的不断迭代、更新，最终实现以高效、节能、安全、稳定为目标自适应闭环运行，以降低运行人员劳动强度、机组的能耗与排放指标，并减少误操作带来的损失，提高电厂的经济运行效益。

目前国内进行机组优化运行、对标管理、精细化管理等方面的应用都是基于实时历史数据库（SIS）而开发，而实时历史数据库从其数据采集、存储、访问提取的机制来看，其对数据点和数据量的限制是与生俱来。因此，开发的基于大数据技术的工况寻优系统在国内电力行业将属于未来的发展趋势。

建设步骤关键：①做好数据的积累；②搭建大数据分析平台；③针对机组的系统特点进行针对性的寻优策略开发。系统的层面内容工作包括：

（1）自定义最优参数标准，通过对历史海量参数的检索与提取，给出当前工况历史最优的参数集。

（2）根据运行方式、操作人员的不同，深度挖掘机组运行操作自身潜力，通过指标对比、操作寻优方式不断提升运行安全性、经济性。

（3）根据机组工况的变化，实现最优工况的迭代，自动进行最优工况的提取和推送，达到机组运行水平自我提升的目的。

（4）制定最优工况的标准，作为历史运行参数的寻优标准。最优工况标准包括并不限于厂用电率最低、气耗率最低、度电利润最高等。

（5）通过大数据平台技术，按照最优工况标准对海量历史数据进行检索和提取，从而得出当前工况下历史最优参数和运行操作方式。

（6）采用直观、便捷的可视化方式进行最优工况及运行方式进行推送，指导运行操作。

B.3.2 APS自启停控制系统应用分析与建议

随着我国火电机组单机容量的不断增大，对自动化水平和整体控制水平的要求也越来越高。由于大型火电机组控制设备多、容量大、控制参数高、控制系统结构复杂，对运行人员提出了更高的要求。APS系统能够对机组设备运行进行规范优化，也能对控制系统进行优化提高。通过建设APS一键启停系统，解决了协调全程投入、二拖一自动并汽、汽轮机ATC自动控制等关键技术难点。APS的实施对于火电机组有如下意义：

（1）提高机组控制的自动化水平；

（2）步序自动化执行，减少运行人员的操作失误；

（3）缩短机组启动时间，降低机组启动时的能量损耗；

（4）完善连锁、保护逻辑，提高机组长期安全运行水平；

（5）提高自动调节品质，实现主要调节回路的全程控制，提高机组长期经济运行水平；

（6）规范应对启停过程中的故障工况，提高机组设备故障处理的正确率；

（7）除机组正常启停采用断点控制外，可以灵活实现机组启停阶段的操作，减轻运行人员的操作强度。

建设的建议方面主要有：

（1）APS控制系统继续发展主要重心应该放在设备层级，通过提高设备运行的可靠性，才能提高APS的实际利用效果，通过设备技术的革新实现APS断点的减少和消除，实现真正上的一键启停，无断点无人为干预。为了APS系统能够真正实施，计划纳入APS系统的执行机构需全部能远程操作。

（2）APS设计成功与否的关键之一是实现顺序控制功能与闭环控制的无缝衔接。顺序控制功能与闭环控制的衔接应根据自动回路和工艺的特点采用不同的方式且确保被控流程参数在安全范围内无大扰动。

（3）APS系统的结构设计须规范化，使APS系统具有统一的结构框架，以便于APS系统的推广和应用。在APS系统中设置断点控制，将整个启动、停止过程分成相对独立的若干个程序段，在每个程序段中完成各自的控制内容。采用断点控制方式，各个断点既相互联系，又相互独立，只要满足断点条件，各个断点均可独立执行。

（4）完善APS系统的报警及自动处理机制。由于APS同一时刻往往有多个子组级控制模块在对机组的设备进行操控，运行人员无法同时逐一跟踪查看。因此，APS系统应考虑报警信息处理，采取超时判断和设备状况异常逻辑判断逻辑，运行人员仅需在出现异常报警时进行跟踪处理即可。

B.3.3 实时优化控制系统应用分析与建议

实时优化控制系统采用多种先进控制与优化算法，快速精准地对控制参数进行调整，能够减轻运行人员工作量和工作压力，并有一定的节能效果。

采用实时优化控制系统能够使机组汽温、汽压等主要运行参数变化平稳，减弱了热应力对金属材质的影响，有益于延长锅炉水冷壁和蒸汽管道、汽轮机叶片等金属管材寿命。

采用实时优化控制系统能够增强机组的变负荷速率和响应特性，能够进一步满足深度调峰需求，更好地满足了电网两个细则要求。

建议在实时优化控制系统的实施过程中，应尽量在机组主辅机设备技术改造完成、常规自动调节系统品质优化后进行，这样控制对象相对稳定，避免需要频繁调整实时优化控制系统的内部参数。

实时优化控制系统用户接口不够友好，需尽可能完善便于用户操作的人机接口界面，以便于用户可根据机组实际运行情况进行调整，提高系统的可维护性。

B.3.4　SIS 系统数据信息挖掘应用分析与建议

发电厂生产运行数据中蕴藏着大量的潜在价值，通过对工业大数据进行数据挖掘与分析，能够实现人工智能与生产运行控制的紧密融合，用丰富的先进控制、运行优化算法，最终实现智能控制和全程自趋优运行，实现发电厂减人增效、降本减耗的目的。

建议在不断积累应用数据的同时进一步完善数据的分类管理与价值分析，应用数据挖掘与机器学习新技术，充分发挥历史数据价值，深入开展建模分析，完善核心算法，积累应用案例，结合智能电厂一体化平台建设实现信息共享与闭环应用。

B.3.5　锅炉燃烧监测设备应用分析与建议

电站锅炉的燃烧系统是火电生产的重要环节，电站锅炉的燃烧诊断及优化技术直接关系到电站锅炉运行的经济性和安全性。对炉内燃烧情况进行测量，并结合模糊逻辑、专家系统、神经网络、遗传算法等先进控制及优化算法对锅炉燃烧系统进行优化，对提高火电机组锅炉运行的安全性、经济性和环保方面都具有重要意义。

将多种锅炉燃烧诊断技术相结合，进一步提高锅炉诊断的可靠性。在对锅炉燃烧温度场的测量方面，采用激光或红外等方式摄取二维辐射图，按火焰辐射衰减的先验理论反演内部温度场。另一种方法是基于炉内辐射理论的重建，通过数值模拟分析炉内的三维温度分布场。将上述两种方法结合起来，从而提高对炉内温度场诊断的可靠性。在此基础上，再利用人工智能等先进算法对燃烧系统进行优化指导，最终实现锅炉燃烧系统的闭环优化控制，对于火电机组的智能化建设有着重要意义。

目前，从其他方面入手也有对锅炉燃烧技术进行研究，例如飞灰辐射-温度特性参数数据库的建立，炉膛脉动光学环境辐射特性测量，基于多目视觉的积灰形貌重构方法研究，高温内窥镜冷却关键工艺研发，基于辐射光谱的锅炉管屏积灰状态监测系统研发。

B.4　智能检修

B.4.1　故障预警与远程诊断技术应用分析与建议

故障预警与远程诊断技术通过连续在线监测设备或系统运行的重要状态参数，及时了解设备或系统的运行状况，为事故征兆的预诊断提供重要的基础数据，对已发生的故障进行快速的分析与诊断，及时指出故障原因，提醒运行人员采取必要的措施，为设备或系统的安全运行提供可靠的保障。

目前，大多数电力企业设备运行状态监测主要依赖于传统的DCS单个监测点、上下限报警，以及利用人工来对设备运行状态进行长期地、频繁地跟踪，既做不到准确可靠，又无法满足对设备故障监测的时效性，从而无法完全保证机组长时间的正常运行，存在机组非计划停机的隐患。

对于设备故障本身来说，对于长期连续运行的机组及其辅助设备大多数的故障，它其实是一个长期缓慢的恶化过程，利用传统的、单点的监测已经无法满足设备实时的、故障提前预知的要求。大数据平台趋势分析利用大数据分析，得出各运行工况下设备参数运行期望曲线。把设备参数的实时运行数据同其特有运行期望值进行比对，发现设备或系统行为的细微差异，从而对设备可能存在的问题进行提前预警，帮助用户实现设备的预测性运维。

通过建立故障预警及远程诊断系统和专业分析队伍对数据的深度挖掘分析，让决策层及相关职能部门能够借助实时信息平台，及时掌控各发电厂机组设备的健康状况，及时识别潜在的系统风险，为指挥日常生产活动和设备故障处理提供辅助决策支持。

同时，系统形成的检测诊断分析数据库可实现数据共享学习与故障模型辨识，为发电机组设备问题提供预警信息，提出预防性检修建议，变被动检修为主动检修，减少设备异常扩大导致故障的风险，优化设备健康状况，可有效降低整个集团公司的生产成本。

在建议方面，如果设备检修维护处理经验丰富，基于专家系统的诊断方法是故障诊断领域中最为引人注目的发展方向之一，也是研究最多、应用最广的一类智能型诊断技术。对于复杂设备系统而言，为了使故障智能型诊断系统具备与人类专家能力相近的知识，故障库建造智能型诊断系统时，需要不断固化领域专家的经验知识，从实际出发，注重发展诊断对象的结构、功能、原理等知识。事实上，一个高水平的领域专家在进行诊断问题求解时，总是将他具有的深知识和浅知识结合起来，完成诊断任务。一般优先使用浅知识，找到诊断问题的解或者是近似解，必要时用深知识获得诊断问题的精确解。因此故障库，结合电厂积累的检维修经验，以知识图谱方式构建故障库，再结合专家经验设置自定义故障判断逻辑设置。

故障诊断与预测则需要将故障数据进行科学合理的分级分类，将重要测点在不同工况不同环境情况下的运行趋势进行分析和预测。

B.4.2 智能巡检系统应用分析与建议

使用机器人及无人机完成巡检任务在一定程度上可以节省人力，达到减人增效的目的，尤其在一些环境恶劣的场景能够辅助巡检人员巡检。

基于人员定位及三维技术的可视化巡检与普通打卡巡检相比，最大的优势是实现点巡检人员的实时监控以及过程可视化。普通的点巡检不能确定巡检人员是否按照指定路线进行点巡检，通过可视化点巡检系统当班值长、管理人员在三维虚拟电厂中可实时查看该人员的行走轨迹及点巡检过程，也可以事后对历史点巡检过程进行追溯，自动实现对点巡检质量的考核。夜间巡检有些工作人员可能会因为工作状态不佳走错路线误入危险区域，此时系统会自动报警提示这名工作人员，防止造成人身伤害事故。当工作人员步入危险源区域或预先设定权限的电子围栏时，会有明显的标识，监控画面会实时显示工作人员靠近该区域的距离信息。越限时通过手机震动提示自动告警，并发出警示给相关点巡检及管理人员。

建议方面。目前巡检机器人有轮式巡检机器人与滑轨式巡检机器人，滑轨式巡检机器人运行稳定但建设成本比较高，轮式巡检机器人活动范围广，但因机器人本体结构复杂所以易出现各种问题，所以轮式机器人没有滑轨式巡检机器人可靠性高。电厂使用巡检机器人时，应充分考虑业务需求后选择合适的机器人。机器人应用于巡检场景时，机器人只是移动的载体，实现检测功能的是机器人上搭载的各种智能检测设备及传感器设备，所以在一些业务场景也可通过安装固定监测设备的方式替代巡检机器人，比如安装固定摄像头来实现自动监测功能，虽然在可移动性方面不如巡检机器人但在稳定性方面高于巡检机器人，在某些场景下投入的成本也会低于巡检机器人。

B.5 智能经营

B.5.1 智能燃料与智能煤场应用分析与建议

火电发电面临剧烈变化的今天，只有符合一线操作和运行人员需求的技术，才能在日后的发电新态势下存活和发展。作为火电厂智能化建设过程中极其重要的一个环节，智能煤场的提出是对需求侧响应的良好回应，其中包含的无人接卸、采制化一体、存储煤无人值守和自动掺配煤等环节，真正起到了解决现场需求的作用，在降低人员劳动强度、减少人员伤害、减轻工作危险性的同时提升了整个系统的可靠性和经济性，提高了输煤系统自适应、自控制、自调节等智能化水平。

从调研结果可看出，目前智能煤场的建设方案比较成熟，从功能上可分为燃料智能验收、燃料化验、数字化煤场、配煤掺烧几个阶段。数字化煤场通过应用激光定位技术、网络通信技术、先进算法技术、多传感器集成、数据采集等技术，实现火电企业的燃料采购、运输、验收、贮存及配煤掺烧多个环节的数字化管理，通过信息化、自动化、三维可视化管理煤场存煤信息、煤场设备、作业人员，为精益配煤掺烧提供有力的数据支撑。无人化采制样通过智能机器人和自动化设备实现“采、制、化”全过程的无人化管理，通过自动化设备，排除了人为不确定因素，而且无人化制样可以自动制备存查煤样，从而实现对在线分析结果的校对功能。智能配煤掺烧系统，通过建立科学、闭环的燃煤耗用管理体系，以掺烧反向指导燃煤采购、发电运行，提高燃煤数据对生产经营决策的支持能力。针对在不同负荷及运行参数条件下，生成合理的配煤方案。根据下达的掺配方案跟踪每个煤仓的上煤情况，结合机组运行参数对方案实际情况进行反馈。

输煤全自动控制系统自动化程度高，功能先进，运行稳定，以华能营口热电厂为例，已投入使用超过两年，为电厂节能降耗、提质增效做出了突出的贡献，电厂输煤系统实现了从卸煤、上煤、配煤全过程的全自动无人值守，输煤系统运行效率及运行安全性大大提升，目前电厂已减掉输煤运行巡检人员 2×5=10 人、采制样及检斤人员 5 人，输煤电热检修人员 2 人、输煤机务检修人员 3 人，其中入厂煤全自动无人值守、全自动无人值守干雾抑尘、刮板机自动润滑系统等技术进入华能集团公司技术推广目录并已经获得推广及实际使用，该系统具有较强的可推广性，可在全国各大电厂进行推广使用。

建议方面。针对目前智能煤场建设情况，调研中大部分电厂已具备基本完善的功能，剩余各厂均在某一环节有所突破，在后续建设工作中，建议电厂应该结合各厂现场设备实际情况进行改造，综合考虑地理位置、当地政策、盈利能力、来煤特性等因素，由自动化逐步过渡到智能化，避免不符合现场生产实际的系统投入运行，秉持以需求为导向的理念，不能为了智能化而智能化，避免造成资金浪费，尽量采用国内已经有成功案例的系统及设备。考虑新火力发电态势下电厂实际盈利能力，鼓励大型新建机组进行智能煤场建设，小型、盈利能力弱甚至是亏损的火电企业还应保持理性投资。总而言之，智能煤场建设是减员增效，降低人员劳动强度的有效手段，也是为进行其他火电智能化方面建设的强有力支撑，应在有改造能力的机组上推广和应用。

智能煤场的建设旨在解决火电厂输煤系统存在的自动化程度低、采制化人工操作、转动机械多安全生产薄弱、煤场管理水平低、抑尘效果差、设备管理水平低等多种问题。建议从输煤系统全自动无人值守、智能化安全管理、智能化巡检管理、智能化煤场管理、智能化采制化管理、智能化设备管理、智能化配煤管理、智能化抑尘等模块展开建设。综合应用三维激光成像、高精度定位、移动 App、自动化控制、总线技术、干雾抑尘技术等多种先进技术实现火电厂输煤系统智能化生产管理、智能化安全管理、智能化设备管理、智能化燃料管理等最终目标。

B.5.2　厂级经营优化及营销报价平台

从国内各电网的政策应用来看，调峰辅助市场的参与和精细化研究是未来电厂提高自身盈利能力中不可或缺的内容之一。因此，一些电厂基于大数据技术手段，研发基于能源营销智能管控的厂级经营优化及营销报价平台，通过建立：

（1）厂内数据模型，根据生产、经营数据，实时计算出厂内成本、非调峰阶段利润；

（2）历史全年电量、负荷率分布模型，根据历史数据计算出月度等电量、负荷率，指导当前的电量分配，以及是否参加辅助调峰市场提供基础数据。

（3）全年发电任务分配模型：依据历史同期及当年发电任务数据，建立本年度中各月份发电任务分配模型，并实时进行数据偏差调整和利润、成本变动分析；

（4）大数据分析模型：搭建满足项目目标的各类模型，并且融入与之相关的所有数据。

经营管理模型平台辅助全年计划电量调整、调峰，辅助服务决策支持，管理全厂经营指标预算、经营指标滚动调整。

参　考　文　献

[1] 刘吉臻，胡勇，曾德良，夏明，崔青汝．智能发电厂的架构及特征［J］．中国电机工程学报，2017，37（22），6463-6472.

[2] 杨新民，曾卫东，肖勇．火电站智能化现状及展望［J］．热力发电，2019，48（09）：1-8. DOI：10.19666/j. rlfd. 201905098.

[3] 郭为民，张广涛，李炳楠，梁正玉，朱峰，唐耀华．火电厂智能化建设规划与技术路线［J］．中国电力，2018，51（10）：17-25.

[4] 崔青汝，李庚达，牛玉广．电力企业智能发电技术规范体系架构［J］．中国电力，2018，51（10）：32-36＋48.

[5] 张晋宾，周四维．智能电厂概念及体系架构模型研究［J］．中国电力，2018，51（10）：2-7＋42.

[6] 华志刚，郭荣，崔希，汪勇．火电智慧电厂技术路线探讨与研究［J］．热力发电，2019，48（10）：8-14. DOI：10.19666/j. rlfd. 201904076.

[7] 尹峰，陈波，叮咛，王剑平，丁永君．面向自治对象的 APS2.0 系统结构与设计方法［J］．中国电力，2018，51（10）：37-42.

[8] 陈世和．基于系统协同的火电机组集团级大数据分析与诊断技术［J］．自动化博览，2019（09）：48-55.

[9] 胡静，姚峻，艾春美，李勇，张军，邱亚鸣．分布式冷热电三联供智能集控平台研究及应用［J］．中国电力，2019，52（05）：42-47＋62.

[10] 朱晓星，寻新，陈厚涛，王志杰，王锡辉，彭梁．基于智能算法的火电机组启动优化控制技术［J］．中国电力，2018，51（10）：43-48.

[11] 陈世和等．智能电厂技术发展纲要［M］．北京：中国电力出版社，2016.